普通高等学校教材

大学生情商教育

舒　琳　主　编

人民交通出版社股份有限公司
北　京

内 容 提 要

《大学生情商教育》基于时代要求和社会发展，立足情商教育与求职就业这条主线，结合中外情商教育研究、心理学知识与运用、当代大学生情商教育现状等方面，力求让初入大学的新生从起步阶段就能学习和掌握情商的基本理论和方法，逐步完善其在自我认知与认知他人、情绪觉察与管理、人际关系与说话艺术、现代礼仪与职场礼仪等方面的能力，进而提升其在求职就业中的竞争力，并间接影响其在未来社会生活中的独立意识与抗挫折能力。

《大学生情商教育》可用于高校各专业“情商教育”相关的课程教学，也可用作初入职场的青年员工的参考用书，还可供对情商理论感兴趣的读者朋友阅读学习。

图书在版编目（CIP）数据

大学生情商教育/舒琳主编．—北京：人民交通出版社股份有限公司，2021.8

ISBN 978-7-114-17535-0

Ⅰ.①大…　Ⅱ.①舒…　Ⅲ.①大学生—情商—能力培养　Ⅳ.①B842.6

中国版本图书馆CIP数据核字（2021）第151698号

普通高等学校教材
Daxuesheng Qingshang Jiaoyu

书　　名：大学生情商教育
著 作 者：舒　琳
责任编辑：李　瑞　刘楚馨
责任校对：孙国靖　扈　婕
责任印制：张　凯
出版发行：人民交通出版社股份有限公司
地　　址：(100011) 北京市朝阳区安定门外外馆斜街3号
网　　址：http://www.ccpcl.com.cn
销售电话：（010）59757973
总 经 销：人民交通出版社股份有限公司发行部
经　　销：各地新华书店
印　　刷：北京印匠彩色印刷有限公司
开　　本：787×1092　1/16
印　　张：12
字　　数：241千
版　　次：2021年8月　第1版
印　　次：2021年8月　第1次印刷
书　　号：ISBN 978-7-114-17535-0
定　　价：39.00元

编写委员会

主　编　舒　琳

副主编　谭　涛　王　辉　杨景森　易　虹　张小琴　沈成晨　蔡　莉　孟丽萍
秦静波　李小博

编　委（按姓氏笔画数排序）

王　成　王　迪　全纪宇　余　情　李立国　李河星　李炳宏　张一帆
张荣杰　杨在兰　林　敏　陶晓刚　曾兴祁　彭　睿

主编简介

舒琳，女，汉族，四川成都大邑人，硕士，讲师。现为重庆交通大学土木工程学院党委副书记，重庆交通大学首届辅导员名师工作室“舒琳名师工作室”负责人。擅长大学生情商理论与实践研究。开设《大学生情商与成功就业》和《大学生职业生涯规划与就业指导》等课程，出版专著2部。近20年主要从事高校大学生思想政治教育管理工作，致力于大学生思想政治教育和情商教育实践。多年来，以德立身，静心从教，潜心育人，深受广大学生欢迎。

前言

情商这一概念自1990年前后被正式提出至今，不过三十来年，但其发展之迅猛却超乎心理学家想象。心理学中没有一个概念能像情商这样铺天盖地呼啸而至，在短时间里迅速占领人们的大脑，并让大家欣然接受。

情商又称情绪智力，它反映一个人控制自己情绪、承受外界压力、把握自己心理平衡等能力，是衡量人非智力活动的重要指标。

美国哈佛大学教授、《情绪智力》一书的作者丹尼尔·戈尔曼认为，情商是决定一个人成功与否的关键。他把情商的内容概括为五个方面：认识自身的情绪、妥善管理情绪、自我情绪的激励、认知他人的情绪、人际关系的管理。可以看出，情商体现的是一个人的综合能力和综合素质。

科学研究表明，在一定前提条件下，情商是比智商更重要的一个商数。

如果说智商显示一个人做事的本领，那么情商反映的是一个人做人的表现。在未来社会，不仅要会做事，更要会做人。情商高的人，说话得体，办事得当，才思敏捷，“人见人爱，花见花开”。情商低的人，总是“不合群”，或者“讨人嫌”。

作为从事高校学生教育管理工作的一线人员，我在人才培养过程中常发现部分学生性格较为闭塞，不善表达；对待学习和生活态度消极；生活方式不健康，缺乏自律性；自我认知不够成熟，具有狭隘性；容易被情绪左右，自我激励能力不足；心理承受力较弱，移情能力有待提高；容易以自我为中心，人际交往存在偏差；出入职场角色转变较慢，对新环境适应能力较差等。

在就业招聘过程中，用人单位将情商置于其录用标准中的重要位置，见面会先对毕业生进行情商测试。根据对企业长期的走访调查，当问到“大学生最欠缺什么”时，大多数企业给出的答案大抵可以归结为“情商”。

更有不少已经毕业的校友们呼吁母校对学弟学妹增加情商教育，因为毕业生一旦进入职场，能不能“工作顺利”“如鱼得水”“事业有成”，情商是一个极为关键的因素。在竞争日趋激烈、分工日益精细的时代，如何建立良好的人际关系，如何发挥团队合作功能，如何在激烈的竞争中提高抗挫折能力，关系到当代大学生能否尽快适应社会及职业需要，融入社会大舞台，并在舞台上演绎精彩人生。否则，即使在校“成绩优异”“身怀绝技”，也难免在进入职场和社会后屡屡碰壁。

现实生活中，我们通常会喜欢情商和智商都很高的人。但如果一个人不能同时拥有这两样东西的话，我们一定是更喜欢拥有情商的人。资料和数据均显示，情商较高的人在人生各个领域都占据优势，无论是谈恋爱、处理人际关系，还是主宰个人命运等方面，其成功的机会都相对较大。

我们做事的方法通常是由智商来决定的，而事情的结果却往往是由情商来决定的。做事时有好的方法未必就能有好的结果，然而若是有了好的结果那一定是运用了正确的方法。从这一点来说，在我们整个人生中，情商比智商往往更能决定我们的命运。

本书是舒琳名师工作室团队集体创作的结晶，第一章由杨景森、李小博撰写，第二章由秦静波撰写，第三章由蔡莉撰写，第四章由王辉撰写，第五章由沈成晨撰写，第六章由易虹撰写，第七章由张小琴、孟丽萍撰写，第八章由谭涛撰写，全书由舒琳统校。本书不仅以简明易懂的方式对理论知识进行阐述，还引入许多具体事例与生动故事，使读者在品读这些事例与故事的同时能够更加直观、形象地领悟何为情商，兼具专业性与可读性。

我们在撰写本书时参阅了诸多同行的专著和论文，在书中不便一一列举，但感激之情始终铭记在心。

参与本书撰写的编者均具有高校学生教育管理工作背景和思想政治教育的理论功底，但毕竟文江学海，本书对情绪智力及其延伸理论的阐述难免挂一漏万，敬请专家学者和广大读者不吝赐教。

目录

第一章
情商概述

1990 年，耶鲁大学心理学家彼得•萨洛维（Peter Salovey）和新罕布什尔大学心理学家约翰•梅耶（John Mayer）首次正式提出“情绪智力”（Emotional Intelligence，简称 EI）的概念，开启了系统研究情商的序幕。1995 年，哈佛大学心理学博士丹尼尔•戈尔曼（Daniel Goleman）提出“情绪商数”（Emotional Quotient，简称 EQ）的概念，作为相对于智力商数（Intelligence Quotient，简称 IQ）而言的心理学概念，属于人的非智力因素范畴，打破了传统“智商决定论”的人才培养模式，将情商研究推向高潮。[1] 情商是人类一种重要的生存能力，是个体挖掘自身潜能、调动和运用情感智慧与情绪商数等软实力的内在品质，包括自我认知、情绪管理、自我激励、了解他人及人际关系等。其中最关键、最核心的内容之一是认知情绪、管理情绪的能力。这随时随地都在影响我们的日常学习、工作和生活，是人们不断进步、走向卓越所要具备的能力，更是获得成就感和幸福感及改变未来走向的人生必修课。不过，在有关情商的研究与学习得到人们的认同与重视的同时，也存在着一些歪曲和片面理解情商的认知亟待纠正。本章将通过分析情商的研究意义、情商的认知误区、情商的概念、情商的内容与特征以及情商的学习方向等，使大学生对情商知识有所了解，建构情商理论框架，为提升其情商实践能力奠定基础。

棉花糖实验

1960 年，美国斯坦福大学心理学家沃尔特•米歇尔（Walter Mischel）把一些 4 岁左右的孩子带到一间陈设简陋的房子，然后给他们每人一颗非常好吃的棉花糖。同时告诉他们，如果马上吃掉棉花糖，只能吃 1 颗；如果 20 分钟后再吃，将再奖励 1 颗棉花糖，也就是说总共可以吃到两颗棉花糖。

有些孩子急不可待，马上把棉花糖吃掉。有些孩子则能耐心等待，暂时不吃棉花糖。他们为了使自己耐住性子，或闭上眼睛不看棉花糖，或头枕双臂自言自语……结果，这些孩子最终吃到两颗棉花糖。

实验之后，研究者继续进行了长达 14 年的追踪，跟踪研究参加这个实验的孩子们，一直到他们高中毕业。跟踪研究的结果显示：那些能等待并最后吃到两颗棉花糖的孩子，在青少年时期仍能等待机遇而不急于求成，具有一种为了更大更远的目标而暂时牺牲眼前利益的能力，即自控能力。而那些急不可待地只吃了 1 颗软糖的孩子，在青少年时期则相对表现得比较固执、虚荣或优柔寡断，欲望产生的时候无法控制自己，一定要马上满足，否则就无法静

[1] 邹红军．我国情商教育的困顿与突围 [J]. 中国德育，2019，（14）.

下心来继续做后面的事情。换句话说，能等待的那些孩子做事成功率远远高于那些不能等待的孩子。❶

看了这个实验及结论，你有什么体会？你或者身边的人是否也有类似的表现？

棉花糖实验给我们以很好的启示：在教育孩子的过程中，要善于培养孩子“延迟满足”的能力，即平时我们所说的“耐力”，让孩子学会等待与坚持。当然这种等待不是一味地压制孩子的欲望，更不是让孩子“只经历风雨而不见彩虹”。说到底，它是一种克服当前困难情境从而获得长远利益的能力。不难想象，如果教育者在孩子提出某种需求时设法“延迟满足”，让孩子感觉实现这个需求不容易，那么在需求满足的过程中，孩子不仅心理承受能力得到了锻炼，上进心或积极性也得到了强化，而且在需求满足之后会倍感愉悦、倍觉幸福，也会更加珍惜来之不易的满足。相反，在教育过程中对孩子百依百顺，孩子头脑中会逐渐形成这样一个思维“定势”：我要什么马上就能有什么。这样一来，孩子会变得越来越任性、越来越贪心。一旦离开家庭、学校，走入社会，那种任性、暴躁、急功近利的性格特点难免会令他们经受挫折和打击。而事事不顺心的他们，往往不愿意从自身找原因，反而觉得别人有意跟他们过不去，总是与周围人处于一种对峙状态，长此以往，很可能产生忧郁、偏执、狂躁等各种心理问题，而这是与我们的教育初衷相违背的。❷

第一节　情商的研究意义与认知误区

医学数据表明，紊乱的情绪波动和不良的人际关系是导致疾病的重要诱因，能够自觉控制并保持平和愉悦的情绪有利于身心健康。日常生活中，我们会不时碰到影响情绪的事情，许多人也都有因负面情绪而影响学习工作的痛苦体验。然而很多人通常不会把“情绪”与“情商”联系起来，也不知道如何运用调节情绪的方法，导致难以达到自己的愿望与目标。此外，情商还对人的发展和事业成功至关重要，影响人们诸多的社会关系，如家庭成员之间、朋友之间、师生之间、上下级之间、同事之间的关系等。因此，学习情商知识、了解情绪机理及掌握调节情绪的技巧至关重要，也是衡量人的内在品质和心理成熟的标志。然而，情商并不是人与生俱来的能力，而是在一定遗传基础上伴随人的生命成长和终身学习实践养成的。因此，进一步加强情商研究和注重后天培养尤为关键。

❶ 冯建平，钟铁铮，徐多．互联网＋职业生涯规划与创新创业教育案例教程[M]. 北京：高等教育出版社，2017.

❷ 周长玉，王瑞雪．大学生心理健康教育[M]. 北京：中国建材工业出版社，2015.

一、研究情商的意义

智商研究经历了近百年的历史，研究者的数量和著述众多，研究也逐渐趋于成熟与稳定；而情商则是一个相对新的概念，虽然已从实验室理论发展到付诸教育和管理实践，但仍有部分要义和关系有待完善与确认。不过，已有研究表明，情商作为人全面发展诸多因素中的重要一环，其价值与作用显著，在特定的时间和场合甚至大于智商。

情商即情绪智力，又称情感智力或情绪商数，是与人的智商相对应的概念，包括自我认知、情绪管理、自我激励、了解他人及人际关系等，是个体最基本的生存能力，也是人的软实力的重要体现。人的素质或能力包括多种要素，其中关于素质，《辞海》解释为："人或事物在某些方面的本来特点和原有基础。在生理学上，指人的先天的解剖生理特点，主要是感觉器官和神经系统方面的特点，是人的心理发展的生理条件，但不能决定人的心理内容和发展水平。某些素质上的缺陷可以通过实践和学习获得不同程度的补偿。"❶ 关于能力，《辞海》解释为："成功地完成某种活动所必需的个性心理特征。分一般能力和特殊能力。前者指进行各种活动都必须具备的基本能力，如观察力、记忆力、抽象概括力等，后者指从事某些专业性活动所必需的能力，如数学能力、音乐绘画能力或飞行能力等。人的各种能力是在素质的基础上，在后天的学习、生活和社会实践中形成和发展起来的。"❷ 可见，人的素质或能力兼具生理意义和心理意义，不仅受先天影响，还有赖于后天培养，既包括知识、技能、工具、方法等，还包括情感、情绪、意志等。从上述解读和社会表现来看，要获得人生成功，后者能力远比前者能力更为重要，而这些以往被人们忽视的重要能力称为"情绪智力"。"情绪智力"这一概念的诞生，伴随着人类对客观世界认识不断深化的过程，建立在人类物质文明高度繁荣基础上，是人对自身精神世界追求与探索的结果，有效弥补了传统智商概念及其作用发挥的局限，纠正了长期以来"智商决定论"的片面观点，也让人们更全面地认识到成功的真正奥秘在于智商和情商二者的有机统一和辩证运用。

情商最关键、最核心的能力在于认识情绪和管理情绪，包括觉察调控自己的情绪和识别理解他人的情绪。人好比一辆马车，马车由马来拉动，人则由情绪推动。控制马的工具是缰绳，而管理情绪的则是情商。如果拉车的马受惊失控，马车就会翻车，甚至车毁人亡；如果人的情绪失控，轻则低落消沉、郁郁寡欢，重则抑郁发狂、生病衰亡。❸拿破仑也曾说过："能控制好自己情绪的人，比能拿下一座城池的将军更伟大。"可见，觉察和调控自己情绪的能力，直接影响到人的情感体验、身心健康和幸福成功。

情商还体现在识别和理解他人的情绪上，这是在情绪自我了解的基础上发展起来的又

❶ 辞海编辑委员会．辞海 [M]. 上海：上海辞书出版社，1989:3200.

❷ 辞海编辑委员会．辞海 [M]. 上海：上海辞书出版社，1989:1270.

❸ 丹尼尔•戈尔曼．情商：为什么情商比智商更重要 [M]. 北京：中信出版社，2018.

一种能力。具备这种能力的人能通过细微的社会信号，敏锐地感受到他人情绪的变化与需求，适时适所地对适当对象进行恰当地情绪疏导与表达。情商还是一个人自我把握、自我激励、乐观过人生的法宝，是指挥和驱动人生目标的引擎。情商高的人能够将情绪专注于目标，善于情绪的自我控制（如延迟满足、压抑冲动等），能够身处逆境却不为负面情绪所束缚，通过正向的自我暗示及时整顿情绪，并能有效发挥能动性与创造性，驱使自己继续朝着既定目标而努力。情商还体现在维系与融洽人际关系的方面，高情商可强化一个人的受社会欢迎程度、领导与管理权威、人际互助效能等，可以使人在交往中把握、激励、驱动对方培育亲密的关系，劝说影响对方而又让对方怡然自得，从而在各种复杂的人际关系中赢得社会竞争的优势。情商还能直接影响人的语言表达与实际效果，“良言一句三冬暖，恶语伤人六月寒”。许多人在说话时，本来立足点和出发点不错，但由于不注意语言艺术与表达技巧，往往导致沟通交流出现障碍，产生无谓的误解和争端，甚至影响团结，诱发矛盾和冲突。

此外，相对于智商或专业技术能力而言，情商也是一个人事业发展的保证和衡量职业能力的标准，往往是一种潜在“鉴别性”的竞争力，也称情绪竞争力（Emotional Competence），可以在一定程度上代表和反映人们掌握并转化为职业能力的潜能。比如，美国职场雇主为达到企业要求的情商水平，通常采用两种途径来吸纳和培训员工：一是在招聘时注重录用情商较高的申请者，二是面向内部员工开展系统性的情商培训。大量实证研究表明，员工经过相关培训后，情商水平得到显著提升，且多数人乐意接受情商培训，原因是这类培训帮助他们极大地增强了自尊心和自信心，促进了个人职业能力的发展。许多调查结果还显示，经过情商培训后的员工显著增加了情感识别能力和情绪管理能力，大量减少了职场中的人际冲突。而且，在遇到工作挑战时，接受过培训的员工会利用积极的情绪，使自己的压力症状平均下降 50%，最终使整个企业的绩效水平得到显著提高。❶

人们常说，智商决定录用，情商决定提升，这一说法在某种程度上反映了企业组织中人力资本管理的事实。智商高，情商也高的人，春风得意；智商不高，情商高的人，贵人相助；智商高，情商不高的人，怀才不遇；智商不高，情商也不高的人，全凭运气。❷ 这段话也生动地描述了情商的重要性。高校持续扩招，就业形势愈发严峻，寒窗苦读十余载，每位毕业生都希望能够顺利找到一份自己满意的工作，但如何在众多应聘者中脱颖而出，如何让招聘官对你“一见钟情”，除了成绩单，更重要的就是面试现场的表现力，这正是情商的应用和体现。

如果说智商集中显示了一个人做事的本领，那么情商则主要反映一个人做人的表现。我们的教育既要教人做事，更要教人做人。提高情商修养是一个系统的教育工程，既要注重学校教育，更要依托家庭教育，不仅要从小学习，更要终身学习。从儿童时期，就应该进行情

❶ 蔡敏，李超．情商培养课程：美国提升大学生职业素养的新途径 [J]. 教育科学，2014,（3）.

❷ 丹尼尔•戈尔曼．情商：影响人类未来的生态商 [M]. 北京：中信出版社，2018.

商的养成教育，不仅要带领孩子养成良好的言行习惯，还要引导孩子树立科学的思维模式，帮助其奠定幸福一生的基础。情商和智商不一样，情商更多属于发展心理学范畴，它会随着人的年龄成长和人生经历而不断丰富与完善，因此，情商的终身学习是人一生的必修课。但是，因为影响情商形成的主观因素和社会因素总是在不断发展变化，所以，人的情商水平也在不断发展。随着人生经历的丰富和知识经验的不断积累增长，特别是个人亲身的生活、工作实践的丰富，其情商水平会不断提高。❶

一个人，从小就应该开始注意情商的学习和训练。根据丹尼尔•戈尔曼的研究，童年、青少年时期的成长环境和教育经历对一个人情商的培养和塑造至关重要。如果从小就缺乏早期的情感教育与训练，往往会导致一个人潜意识中存在一定的情感缺陷，这对成人以后的情商水平及发展有很大影响。因此，在遵循科学的身心成长规律的基础上，情商教育需要早推进、早开展、早落实，要融入幼儿园、小学、中学的教学过程中，要拓展到大学和职场生涯规划与人力管理中。这就要求家庭、学校、政府乃至社会等多方力量共同合作、一起努力。特别是学校和社会，要在政府监管和家庭配合下，开设相关情商课程，培育合格的人才，塑造合格的父母与合格的教师。

家庭是人生的第一个课堂，父母是孩子的第一任老师。合格的父母应当知道生子养子，更要教子育子，还要知道如何通过言传身教促其健康成长，并主动学习和提高情商修为，给孩子上好“人生第一课”，帮助孩子扣好人生第一粒扣子。合格的教师除了上好课、教好书外，更要修好德、育好人。只有教师率先提升情商，拥有积极心态，才能教出阳光的学生，也才能同时完成好教书和育人的工作，既传授知识又抚育心灵，是关系到千秋万代的事情，更是践行“立德树人”“三全育人”和“以人为本”的素质教育的重要举措。

目前，国内有关情商教育及其普及程度与国外仍有一定差距，从小学到中学阶段尚未有效引入情商培育机制，素质教育也多局限在互动式课堂、开放性考试或学生课外兴趣特长的培养方面。高校的情况也大体相似，在课程设计安排方面仍以突出学生智力开发的专业课和强化学生政治修养、综合素质的公共课与选修课为主。虽然部分课程涉及一些情商培育的内容，但其针对性和丰富度不是很强，也难以引起师生足够的重视，未能取得应有的功效。❷ 而在美国等发达国家的教育体系里，社交与情绪管理已成为几乎所有学校的必修课程，规定学生必须掌握这种不可或缺的生活技能。许多高校已经开发了各种具有高信度和高效率的测评工具，对情商教育的开展起到了良好的监测作用。同时，根据学生的专业背景和自身特点，通过独立设课的自我训练和学科渗透的课程融合等形态，综合开设不同类型的情商培养课程。如伊利诺伊州制定详细而全面的社交与情绪管理能力标准，覆盖从幼儿园到中

❶ 崔正华，颜军梅，周华 . 中国大学生的就业与职业选择 [M]. 武汉：武汉出版社，2012.

❷ 乌凤琴 . 论情商教育的重要性 [J]. 沈阳师范大学学报（社会科学版），2006，(2).

学的各个年级。[1]许多用人单位已习惯性地把情商作为员工聘任、培训和晋升的标准。这种新的职场人才需求，又反过来助推高校不断开发和创新情商教育体系。[2]因此，新时代的中国教育有必要及时补充并完善情商这一人的基本必备素养的系统培养，加快推进课程改革进程，进一步推动情商教育从隐性转为显性，切实将学生的情商培育落地。

人们对于情商及其研究学习的重要性的认识，是随着生产力的提高、经济的发展、人类文明的进步以及人们更加关注自我价值、社会意识和精神生活的实现与提升而不断发展的。人作为生命个体，为了保持个体的存在，基本的生活需求必须得到满足，而人的生活需求一般包括物质和精神两大方面。在物质资源相对贫乏的年代，人们对精神世界的探索和追求并不突出，更关心的是如何生存的问题。随着物质条件的不断改善，物质生活已相对富足，人们的关注重心也从生存问题转移到发展问题。然而要实现这个转移过程也并非一帆风顺，往往容易产生两种不同的结果：一是人们在不断追求内心幸福感受与外在平衡体验中对情商的认识得以深化；一是长期安稳舒适的生活使部分人在生理上的满足和享受达到一定程度后，更加关注精神方面的需求甚至因需求得不到满足，久而久之精神日趋脆弱，以致误入歧途、走上极端，甚至以轻视生命来摆脱心理的失衡。如近年来精神障碍和心理疾病年轻化问题、家庭亲子关系疏远紧张问题、社会上劫持人质的犯罪案件、校园自杀他杀的伤害事件等，都是这方面的具体表现，也映射出我们情商教育的缺失。

从长远来看，当今世界正经历百年未有之大变局，和平与发展仍然是时代主题，同时国际环境日趋复杂，不稳定性、不确定性明显增强，人类文明也正经历新一轮科技革命和产业革命的冲击。我国已进入高质量发展阶段，发展具有多方面优势和条件，同时发展不平衡、不充分问题仍然突出，要实现中华民族伟大复兴的中国梦亟须大批高素质、复合型人才，而这种具有综合素质的人才不仅要具备良好的思想道德修养与扎实的专业知识技能，还要具备包括心理、态度、团队精神、创新精神、人格意识等多方面优良素质。

人类今天面临的最重要课题之一便是人工智能（Artificial Intelligence，简称 AI），它不仅使人类的能力得以延展，还让人类的脑力变得更加强大。大数据、云平台和突破性算法三大创新已将人工智能带上了快车道，计算机已经可以凭借深度学习独立完成更为复杂的任务。然而即便如此，人类现在不过是触碰到了人工智能潜力的冰山一角，因为人工智能还未能实现通用智能，即让计算实现真正的人性化。[3]微软全球副总裁沈向洋在 2017 未来论坛上这样说道："要打造成功的人工智能，情商与智商同样重要。"微软全球副总裁陈实在 2017 信息化论坛上讲道："未来一位合格的 AI 仅仅聪明有足够的智商也许还不够，还得有感情和足够的情商。"

---

[1] 丹尼尔·戈尔曼. 情商：为什么情商比智商更重要 [M]. 北京：中信出版社，2018.

[2] 蔡敏，李超. 情商培养课程：美国提升大学生职业素养的新途径 [J]. 教育科学，2014，(3).

[3] 赵汇洋. 人工智能是最强有力的创新加速器 [N]. 人民邮电报，2017-01-17.

不可否认的是，人工智能也是把双刃剑，在给我们的生活带来高效与便捷的同时，也不能忽视其价值引导、伦理调节以及风险规避。未来人类及后代还将面临人工智能的有力挑战。不过令人欣慰的是，人工智能虽然能模仿人类，学习人类的言语行为、知识数据，但却没有独立思想，举止行为则是依据人类赋予或设置的程序指令而执行的，也不具有善良、爱心、感恩心、同理心等自动产生情感的人性魅力，更不具备想象力、创造力、审美力等人的核心竞争力，而这些重要能力在很大程度上离不开情商作用的发挥。因此，在物质文明和科学技术高度发达的今天，人类更应该重视情商的研究与提升。正如联合国“21 世纪人类智能计划”中指出：“必须用 EQ 来教育人类，发挥人自身情感与意志的潜能，创造新世纪人类生活的心灵家园。”[1] 情商无疑是把握自我认知、调和人际关系、化解矛盾冲突、密切团队合作、获取人生幸福与成功的钥匙，更是提高国民素质，促进社会和谐，推动社会全面进步和人的全面发展，促进物质文明与精神文明协调发展的基石。

16 岁我到西藏阿里当兵，整整 11 年面对苍茫大地，我反覆地质疑生命意义何在，条件的恶劣也让我有轻生的念头，但每次仰望星空，捏捏自己完好无损的身体，我明白，在逆境中坚持下来，永远不要认为自己没有出路，你还是你，只要精神不垮，那么身体是可以跟随你前进的。

——毕淑敏《你受的苦将照亮你的路》

二、情商的认知误区

如果你问身边的人，什么是情商？就会发现，不少人对情商的理解是：世故圆滑、虚伪讨好、会搞关系，有时还直接视其等同于智商的反义词。更有甚者将情商生搬硬套到男女之间如何取悦对方等方面，着实让人大跌眼镜。接下来，本书就此类认知误区逐一进行澄清和纠正。

（一）“20%IQ+80%EQ=100% 成功，情商比智商更重要”

其实上述片面的说法已经流传甚广且颇受大众欢迎，不少研究论述也有采用。需要说明的是，丹尼尔·戈尔曼本人多年前就在自己《情商》一书序言中进行了澄清。他首先指出“20%IQ+80%EQ=100% 成功”这一说法是对自己的情商著作和情商理论的误读所造成的。这种误解起源于“智商对事业成功的贡献率约为 20%”的说法。而这种说法本身就只是一种推测，说明成功的主导因素还没有得到明确，需要寻找智商之外的其他因素填补空白，但并不代表情商就是余下的 80%。影响成功的因素非常广泛，除了情商之外，还包括性格、财

[1] 吴久华 . 浅谈“情商”及其培养 [J]. 重庆师专学报，2000,（1）.

富、教育以及莫名其妙的运气等。其次，他指出对《情商》副标题“为什么情商比智商更重要”的过度渲染是造成普遍误解的来源，尤其是在学习领域内，这种片面解读更为明显。他强调，如果没有严格的条件限制，这种说法不能随便乱用，更不能极端地认为在所有领域“情商比智商更重要”，因为情商比智商重要的领域主要是智力与成功关联度相对较低的“软领域”，比如在情绪自我调节和同理心能力比纯粹认知能力更为突出的领域。❶ 基于此，我们不妨试着对丹尼尔•戈尔曼的情商思想进行重新解读，即：人生的成功，离不开智商因素的正常发挥，但更有赖于非智商因素的综合表现，而情商正是其中的关键因子，尤其是在情绪等软领域内功效显著，归根结底成功在于智商与情商相互配合、相得益彰。

（二）“情商与智商是对立的：情商高，智商就低；情商低，智商就高”

首先，这种观点是片面的、偏颇的，因为人的智力组成本身就是理性智力与感性智力的有机结合，二者虽然各自独立，但并非完全对立，而是既有一定区别又有紧密联系。

其次，智商是人的智力商数，反映人智力水平的高低，而情商是人的情绪商数，反映一个人情感品质的差异。智商主要反映人的认知能力、思维能力、语言能力、观察能力、计算能力、律动能力等，集中表现人的理性能力，多与大脑皮层特别是主管抽象思维和分析思维的左半球大脑功能相关。情商则主要反映人的感受、理解、运用、表达、控制和调节自己情感的能力以及处理自己与他人之间情感关系等能力，集中表现为个体把握与处理情感问题的非理性能力，多与脑干系统相关联，尤其是大脑额叶对情感有控制作用。

再次，智商和情商虽然都与遗传因素、环境因素有关，但智商与遗传因素的关系远大于社会环境因素，而情商的形成和发展有先天的因素，更与个体成长与生活的社会环境密切相关。❷

最后，我们对智商和情商的正确态度，不能是片面发展优势一端，而是尽量弥补弱势一端，木桶理论就是很好的印证。如果把智商叫作聪明，把情商称为世故，那么缺乏情商的聪明就是小聪明，缺乏智商的世故就是不成熟。只有情商和智商水平相称，人才会显得相对正常。

同时，我们还要意识到智商与情商中任何一方的提升，都不是单一因素所能决定的，而这种纯粹的、极端的具有单一属性的人在现实中是很少的，也可以说几乎没有。从行为模式来讲，情商引导着理性行为的价值，智商修正着感性行为的尺度。在具体行为中，情商与智商也绝不可肆意游离在彼此之外，因为情商一旦脱离智商的生理基础便失去了赖以生存的客观条件，其作用的发挥也就无从谈起；而智商一旦离开情商的社会环境便失去了有效发展

❶ 丹尼尔•戈尔曼．情商：为什么情商比智商更重要 [M]. 北京：中信出版社，2018.

❷ 张文婷．心理学基础教程 [M]. 北京：新华出版社，2008.

的主观动力，其作用的发挥也会大打折扣。有个比喻非常形象，即完全撇开理性的感性就是行尸走肉，完全撇开感性的理性即便成功也是孤家寡人。可以说，智商高的人，往往情商不会很低，而情商高的人，往往智商也不会很差。

（三）“高情商就是能够觉察并理解他人的情绪”

这种说法乍一看好像挺有道理，但仔细揣摩后便能发现问题所在，即忽略了情绪管理中的重要前提——情绪的自我识别与调控。情商不仅体现在如何对待他人上，更体现于如何与自己交流。情商不是为了单一地取悦他人或自己，而是在充分认知自己的基础上，更好地掌控和调试自我情绪，从而使自己在人际沟通方面表现得自然得体。比如，传统的自尊、自爱教育往往重在不伤害他人，却很少提及如何不伤害自己。试想一个受伤的自我，怎能给予他人完整的爱，而不完整的爱本身就是一种伤害。所以，真正地自尊、自爱才能自信，自信才能充分尊重、爱护他人，也只有尊重、爱护他人才能得到他人对自己的尊重与爱护。

（四）“性格外向情商就高，性格内向情商就低；情商高就是不发脾气，发脾气就是情商低”

首先，现在许多情商学说通过判断一个人性格是否外向、是否善于交际和沟通来直接定义情商和所谓的成功，导致情商概念被严重误读，更是加重了本就内向或自卑的人群的心理负担。其实，性格内向的人往往善于与自己的内心进行沟通，在调节个人心理状态和情绪波动方面反而表现更好。大量事实证明，性格内向者多有成就，好静也造就了人们某些方面的优势。比如做精密设备研发的工程师等，往往都是性格相对内向的人。他们的内心装着另一个世界，这个世界也是他们迸发灵感、发挥才智的沃土。

其次，衡量情商高低的标准并非是否发脾气，而是能否有效管理情绪。情商高的人在面对消极情绪时往往能够及时感知情绪的存在，从而正视并尝试化解其产生的负面影响，而情商低的人往往难以及时觉察情绪的存在，多采取压抑逃避或抵触抗拒的方式，因而容易被情绪所控制，做出失控的判断和决定。虽然说发脾气通常不是一件好事，但从不发脾气也不是一个正确的选择，因为合理地表达或宣泄情绪也是情绪管理的重要方式，过度的自我压抑或不讲原则地忍气吞声只会使不良情绪持续累积、难以释放，往往会给自己和他人带来更严重的情绪爆发与心灵创伤。换句话说，情商高的人不是不发脾气，而是“会发脾气”，是在不良情绪到来时，能够采取有效措施控制和延缓不良情绪的发展进程，从而恰当地表达情绪和治愈情绪。

（五）“有些人的高情商是天生的配置”

情商的形成和发展，虽然有先天因素的作用，但后天的社会环境和自我的主动学习影响更大。情商的形成，不是一朝一夕，更不是一蹴而就，而是一个长期学习与训练的过程。情商的发展，是随着人生经历的丰富和知识经验的积累而不断提高的。情商是人的诸多能力中的一项，而成就一项事业或做好一件事情，需要的是多种能力的优化组合。情商能力突出，那就充分地去发挥它。情商能力欠缺，也不必过于担心，因为情商的提升更多与后天的学习与实践相关，只要我们正视情商、重视情商，善于体察和积累，情商依然可以得到有效锻炼与弥补。

（六）“世故圆滑、虚伪讨好、会搞关系就是高情商”

不少人一想到高情商的人，脑海中浮现的形象便是幽默风趣、能言善辩、左右逢源、善于揣摩人心、对什么人说什么话、经常出入各种社交场所等，这是典型的对高情商的误解。待人处事时善于交际、敏于应变、懂得变通说明其应对和适应环境的能力突出，值得称赞和学习，但是过度表现、世故圆滑却不一定是情商高的表现，其实是自我意识和自我价值感较低的人格模式的偏差。

“乡原，德之贼也”[1]，孔子尖锐地抨击当时社会上那种是非不分、同于流俗、言行不一、伪善欺世、处处讨好，以“忠厚老实”为人称道的“老好人”，并直言这种言行不符的人，实乃德之“贼”，正告世人对之不可不辨。而后，孟子更清楚地说明这种人乃是“同乎流俗，合乎污世”[2]的人，虽然表面上看，是个对人全不得罪的“好好先生”，实则抹杀了是非、混淆了善恶，不主持正义，不抵制坏人坏事，全然成为危害道德的人。

伦敦大学教授马丁•奇达夫（Martin Kilduff）带领他的团队研究了过分追求“高情商”可能导致的坏处，认为许多“高情商”的人善于伪装、隐藏真实的自己，为了个人利益故意给对方留下良好的印象，从而操纵他人，这样的桥段在我们的工作、生活中每天都在上演。明尼苏达大学心理学家马克•斯奈德（Mark Snyder）研究了八面玲珑的“社交变色龙”，认为陷入这种模式的人给别人的印象非常棒，但私底下却几乎没有稳定或满意的和谐关系。心理分析师海伦娜•多伊施（Helena Deutsch）把这种人称为“假想人格”。[3]研究人员还发现，无论在工作还是生活中，那些喜欢清晰、直接地表达自己想法的人，比那些猜不透的人要幸福快乐很多，对各种人际关系也更加满意。人们渴望被理解，这是一种基本的需要。喜欢清晰、直接表达自己的人，更容易被人理解，从而感到快乐和满足。就像约翰•列侬那句名言：“直接和诚实可能无法给你带来‘许多’朋友，却能给你带来‘对的’那几个。”因此，情商不是社交工具，而是用于促成人格完整和心智完善的。

---

[1] 朱熹．论语•阳货．四书章句集注 [M]. 北京：中华书局，2011.

[2] 朱熹．孟子•尽心下．四书章句集注 [M]. 北京：中华书局，2011.

[3] 李秀茹，姜红波．对大学生情商教育的误区及情商教育方法的探究 [J]. 教育教学论坛，2018.

任何人都会生气——这很简单。但选择正确的对象，把握正确的程度，在正确的时间，出于正确的目的，通过正确的方式生气——这不简单。

——亚里士多德《伦理学》

总之，高情商的人，表现为尊重他人的人权和人格，不将自己的价值观强加于他人；对自己有清醒的认识，能设定明确目标并努力实现；能够承受压力，从容应对挑战；自信而不自满；人际关系和谐，与父母师生或朋友同事能友好相处；善于处理生活中遇到的各类问题；注意力集中，认真对待每一件事情；乐观看待未来的发展，拥有积极健康的心态。

较高情商的人，是负责任的好公民；自尊自爱，关心他人；有独立人格，但在一些情况下易受他人焦虑情绪的感染；比较自信而不自满；有较好的人际关系；能应对大多数的问题，不会有太大的心理压力。

较低情商的人，表现为易受他人影响，缺乏明确目标；能原谅他人的无心之过；能控制大脑；能应付较轻的焦虑情绪；把自尊建立在他人认同的基础上，在意他人的评价与反馈；缺乏坚定的自我意识，个人意志易动摇；人际关系较差。

低情商的人，表现为自我意识差，缺乏自我认同；无明确目标，也不想付诸实践；严重依赖他人，缺乏独立人格；处理人际关系能力差，好争辩对错，并对他人生活指手画脚；应对焦虑能力差，容易无端发脾气；生活无序，无责任感，爱抱怨。

在未来社会，高情商的人，往往"人见人爱，花见花开"；而低情商的人，往往"不合群"或是"讨人嫌"。提升情商，可以帮助我们找到打开心灵奥秘之门的钥匙，从而用有限的知识去探索无限的世界，让我们的家庭、学校、企业和社会变得更有人情味、更生机勃勃。

第二节　情商的概念、内容和特征

一、情商的概念

情商，又称情绪智力（Emotional Intelligence），该词于 20 世纪 60 年代由美国心理学家贝尔德克（Beldoch）和德国人巴布娜•柳纳（Barbara Leuner）在其研究著作中先后提出。20 世纪 80 年代，"多元智能理论之父"霍华德•加德纳（Howard Gardner）将智力划分为人际智能和自省智能，并提出了对情绪治理系统的评估标准。他强调，传统智力在完整解释认知方面已经显得力不从心。此后，心理学家们围绕情绪智力的发展、模型建构等问题进行了探讨。

直到 1990 年，美国新罕布什尔大学心理学家约翰•迈尔（John Mayer）和耶鲁大学彼得•萨索维（Peter Salovy）首次介绍了“情绪智力”的概念和理论，将其定义为提高情绪管理能力的方式，即“监察自身和他人的感情和情绪的能力，区分情绪之间差别的能力，以及运用这种信息以指导个人思维和行动的能力”。其包含了解自身情绪、管理自身情绪、自我激励、认识他人情绪和处理人际关系五个主要领域。

1995 年，哈佛大学心理学教授丹尼尔•戈尔曼（Daniel Goleman）在他的经典著作《情商：为什么情商比智商更重要》一书中提出带有革命性的概念——情绪智商（EQ）。[1]他将情绪智力描述为“了解自身感受，控制冲动和恼怒，理智处事，面对考验时保持平静和乐观心态的能力”。以色列著名的心理学家巴昂（Reuven Bar-On）在情绪智力研究领域深耕多年，他在 1985 年首创了“情商（Emotional Quotient）”这个术语，并在 1997 年推出了世界上第一个测量情绪智力的标准化量表——巴昂情绪量表。[2] 2000 年，其参与主编的《情绪智力手册》（*The handbook of Emotional Intelligence*）问世，标志着情绪智力研究进入一个崭新阶段。[3]他全面介绍了情绪智力的研究情况，认为情绪智力是影响人应付环境需要和压力的一系列情绪的、人格的和人际能力的总和。

近年来，越来越多的国内学者也开始对情绪智力进行深入研究。首都师范大学郭德俊指出：“情绪智力可以看成是一个与理解、控制和利用情绪的能力相关的概念体系。[4]”上海师范大学卢家楣则认为：“情绪智力是指人完成情感活动所需要的个性心理特征。[5]”北京师范大学彭玣龄指出：“‘情商（Emotional Intelligence Quotient）’是‘情绪商数’的简称，代表了一个人的情绪智力（Emotional Intelligence）指数，情绪智力是一种能力，包括认识情绪意义和它们的关系的能力，利用知识推理和解决问题的能力以及使用情绪促进认知活动的能力。[6]”西南大学张进辅等认为：“情绪智力是人们在学习、生活和工作中影响其成功与否的非认知性心理能力。[7]”

随着情商概念在教育学、管理学等领域的快速传播，其心理学科属性不断向实用性转变，内涵也在不断发生变化。有研究者据此指出了情商的二元意义，将情商划分为日常情商和先验式情商。前者以社会实践为判定标准，是道德的补充，公众所认识的情商大多属于这一类；后者以理性为基础，侧重对情绪感知与控制，属于智力范畴。[8]

---

[1] 马向真，王章莹．论情绪管理的概念界定 [J]. 东南大学学报（哲学社会科学版），2012，(4).

[2] 徐小燕，张进辅．巴昂的情绪智力模型及情商量表简介 [J]. 心理科学，2002，(3).

[3] Bar-On,R.,&Parker,J.D.A,Handbook of emotional intelligence:Theory,Development,Assessment,and Application at Home，School and in the Workplace[M].SanFrancisco,CA:Jossey-Bass.2000.

[4] 郭德俊，赵丽琴．情绪智力探析 [J]. 首都师范大学学报（社会科学版），1998，(1):123-127.

[5] 卢家楣．对情绪智力概念的探讨 [J]. 心理科学，2005，(05):1246-1249+1242.

[6] 彭玣龄．普通心理学 [M]. 北京：北京师范大学出版社，2012，第 435 页．

[7] 徐小燕，张进辅．情绪智力理论的发展综述 [J]. 西南师范大学学报（人文社会科学版）.2002，(6):81.

[8] 温韬．解析情商二元意义．佳木斯职业学院学报 [J].2020，(9):127.

二、情商的内容

目前，得到公众认可的重要的情商理论有三种，分别为约翰•迈尔（John Mayer）和彼得•萨索维（Peter Salovy）的情绪智力的结构模型、丹尼尔•戈尔曼（Daniel Goleman）的情绪胜任力模型及巴昂（Reuven Bar-On）的情绪和社会智力结构模型。❶

（一）迈尔和萨索维的理论

他们认为情绪智力的发展有四个维度，呈现先后递进关系，最基本和最先发展的是一级维度，比较成熟而且要到后期才能发展的是四级维度，其具体内容为：

1. 情绪的感知与表达能力

从自己的生理状态、情感体验和思想中确认情绪的能力；通过语言、声调、行为等日常交流活动，从他人艺术活动、语言中辨认和表达情绪的能力；分析面部表情的能力。

2. 情绪对思维的促进能力

捕捉并能将注意力聚焦于重要信息的能力；产生有效情绪的能力，从而帮助感情判断和记忆；情绪和心境的起伏影响思考能力；在不同情绪状态下个体采用一定方法解决问题的能力。

3. 理解、分析情绪，运用情绪知识的能力

辨认情绪、识别词与情绪本身关系的能力，例如对“爱”与“喜欢”之间区别的认识；理解情绪所传送的意义的能力；理解复杂感情及识别情绪转换的能力。

4. 对情绪自我调节的能力

对各种感情保持开放心态的能力；面对获取的信息，有效判断并成熟地进入或离开某种情绪的能力；通过降低消极情绪和增强积极情绪以调节自身和他人情绪的能力。

（二）戈尔曼的理论

戈尔曼将情绪智力界定为五个方面：

1. 认识自己情绪的能力

自我意识，即情绪发生时能够识别到感受的发生，是情绪智力的基础。

2. 妥善管理自己情绪的能力

恰当地处理情绪，是在自我意识发展基础上建构的一种能力。

3. 自我激励的能力

进行情绪控制以实现个人目标，是集中精神、自我激励控制以及创造力的关键。

---

❶ 彭聃龄．普通心理学 [M]. 北京：北京师范大学出版社，2012，第 434 页．

4. 理解他人情绪的能力

同理心在人际交往中作用重大，有同理心的人对他人的欲望等社会信号的协调性更强。

5. 人际关系的管理能力

人际关系的艺术属于管理他人情绪的一部分，社交竞争力可以提高个体的受欢迎程度、领导力和人际交往的效率。

（三）巴昂的理论

巴昂的情绪智力模型由五大维度组成：

（1）个体内部成分（Intrapersonal Components）

（2）人际成分（Interpersonal Components）

（3）适应性成分（Adaptability Components）

（4）压力管理成分（Stress management Components）

（5）一般心境成分（General Mood Components）

这些成分又可以细分为 15 种具体的能力和技能：

（1）个体内部成分包含 5 个相关能力：情绪自我觉察、自信、自我尊重、自我实现、独立性。

（2）人际成分包含 3 个相关的能力：共情（empathy）、社会责任感、人际关系。

（3）适应性成分包含 3 个相关的能力：现实检验、问题解决、灵活性。

（4）压力管理能力成分包括 2 个相关的能力：压力承受和冲动控制。

（5）一般心境成分包括 2 个相关结构：幸福感和乐观主义。

巴昂认为这 15 种能力是个人应对生活的能力和个人总的情绪幸福的决定因素，因而是情绪智力最有效、最稳定的成分。已有的研究也支持把情绪智力看成是对个体取得成功的总体能力和倾向的综合观点。[1]

三、情商的特征

关于情商的特征，本书将其总结概括为以下几点：

（1）情商与智商相对应，具有发展心理学属性。

（2）情商不仅包括心理学多个领域的内容，还涉及多种学科间知识的传递与吸收，具有交叉互补性。

（3）情商以智力为核心，注重智力多元的、全方位的发展，重视智力的实践性和智力运用

[1] 徐小燕，张进辅．巴昂的情绪智力模型及情商量表简介 [J]. 心理科学 .2002，（3）:333.

的现实情景性，具有多元实践性。

(4)情商注重社会文化因素对智力的制约作用，重视智力是对主体生存环境(主要是人际环境)的适应、选择和改造，具有社会补偿性。

(5)情商注重随着社会发展、科技进步等所需要的人际间的互动合作，重视集体智力的发挥，具有团队提升性。

(6)情商是人脑机能的表现，其作用的发挥有赖于生理功能的正常发挥，具有客观反映性。

(7)情商是人，具有主观能动性。

(8)情商是个体监控自己及他人情绪的内在心理能力和识别、利用这些信息指导自己的思想和行为的外化人格表现，具有内外交互性。

(9)情商不仅是知识概念范畴，更是能力素养范畴，需要个人在由内而外的学习、体验、互动和改变的过程中习得与提升，具有知行合一性。

(10)情商是一种能力，也是一种技巧，可以遵循一定规律加以学习和掌握，具有可操作性。

(11)情商伴随社会人的一生，随着心智的成熟和后天的培养与修炼不断习得，具有发展变化性。

(12)情商不是社交工具，而是人格完整和心智模式完善的范畴。

第三节　情商的培养

戈尔曼在其畅销书《情商：为什么情商比智商更重要》中认为情绪智力的影响很大，有时甚至大于智商的影响。❶它影响着我们生活的方方面面，包括幸福感、学业成就和工作表现，甚至身体健康。❷情商影响如此之大，但并非不能改变提高，通过有效地努力，就可以得到改善。❸

情商作为一种能力，其内涵分为不同的递进式的维度，那么情商的培养也需要遵循各个维度之间从基本层次到成熟层次的逻辑关系，同时进一步结合实践层面，情商的培养也可以从个体情商的训练养成和在此基础上的团体情商的建构两方面着手，最终达成个体幸福感的提升和团队管理的高效率。

❶ 丹尼尔•戈尔曼 . 情商：为什么情商比智商更重要 [M]. 中信出版社，第 39 页 .

❷ 卢家楣等 . 中国当代大学生情绪智力现状调查研究 [J]. 心理科学 .2016，(6)：1302.

❸ 丹尼尔•戈尔曼 . 情商：为什么情商比智商更重要 . 中信出版社，第 50 页 .

一、个体情商的养成

这是一场不起眼的家庭悲剧。卡尔和安正在教他们 5 岁的女儿莱斯利玩一个全新的电子游戏。莱斯利开始游戏之后，父母过于想“帮助”女儿，结果反而帮了倒忙。他们不断发出互相矛盾的指令。

“向右，向右……停！停！停！”安不断地催促，声音越来越迫切、越来越紧张。莱斯利咬紧牙关，瞪大眼睛看着屏幕，艰难地跟随着妈妈的指令。

“看，你没有对齐……向左转！向左！”小女孩的父亲卡尔突然命令道。

与此同时，安沮丧地翻了一下白眼，喊得比卡尔还大声：“停！停！”

莱斯利既无法取悦父亲，也无法取悦母亲。她的下巴紧张得抽动起来，眼眶里闪烁着泪花。

她的父母不管莱斯利的泪水，开始吵架。“她没办法大幅度地移动摇杆！”安怒气冲冲地对卡尔说。

莱斯利已经泪流满面了，但她的父母根本就没有注意到，或者说根本就不关心。莱斯利用手抹掉眼泪，她父亲吼道：“好，把手放到摇杆上……做好发射准备。好，放到上面！”她母亲也厉声说：“好，轻轻地移动！”

莱斯利轻轻地抽泣着，内心充满了痛苦。

戈尔曼在书中以上述例子来论证父母的情绪教育对孩子的影响非常重大，塑造情商要素的先机发生在人生的最早几年。这样的家庭情绪教育会使孩子在情商发展的初始阶段，即在感知自己和感知他人对待自己的感受方面大受挫折，对后续的情绪管理、自我激励以及人际关系等阶段产生不利的影响。

他同时根据家庭观察实验指出父母不善于处理孩子情绪的三种常见情况：完全忽视孩子的感受；过于自由放任；轻蔑不尊重孩子的感受。

相反，善于情绪教育的家庭为孩子情商的养成奠定了良好的基础。中国人民公安大学李玫瑾教授分享了这样一则事例：

3 岁的孩子看到商场里的玩具，想要，但是家里同类的玩具已经有很多，于是，孩子开始哭闹甚至撒泼打滚。这时，很多父母要么是不想听到孩子哭闹，要么是怕在公众场合“丢脸”，往往会满足孩子的愿望，久而久之就会给孩子造成一种印象：即使是不合理的要求，只要哭闹，父母就会满足。

而另外一种处理办法是这样的：马上结束逛商场，回家，将哭闹的孩子关到小房间里，母亲坐在旁边静静地看着孩子哭闹，时不时地将纸巾递给孩子，孩子哭累了自然就不哭了。

这可以给我们三点启发：结束逛街马上回家表明在买这个玩具上明确不妥协；回家关进

房间任由孩子哭闹不会打扰到其他人，在房间陪着也是为了保证孩子的安全；时不时地递纸巾给孩子，是为了让孩子感受到妈妈并没有忽视他。等到孩子不哭了，他自然而然也就明白一个道理：哭闹并不能解决一切事情。

情商的培养需要从小抓起，对于青年大学生群体而言，虽已过了孩童时代情商培养的黄金时期，但情商的培养仍然意义重大，近年来，关于大学生情商培养的研究成为关注的热点。

上海师范大学卢家楣教授团队分别在2016年、2017年针对中国当代大学生和研究生情商现状进行了调查，通过对我国东西中部地区的100所各类、各层次高校的11982名大学生和51所高校的10000多名研究生的情绪素质进行调查，认为大学生情商总体水平尚可，但情绪表达能力欠缺，男生的情绪表达能力要远高于女生[1]；研究生情绪智力水平尚可，表达自己情绪的能力不足；研究生理解他人情绪的能力低于本科生，博士生理解他人情绪的能力要低于硕士生[2]。卢家楣教授团队通过系统的科学调查研究整合了个人、家庭、学校、社会四个维度的十三种影响情商的因素：上网时间、阅读量、自我要求、核心价值观认同度、教养方式、家庭氛围、家庭投入、人际关系、校风学风、舆论关注、教师有情施教、社会风气和生存压力。

家庭氛围和家庭投入对孩童时代情商的显著影响上文已经涉及，兹不赘述，但是大学生与父母、家庭的有效沟通频率对情商的改善仍然有重要的促进作用，特别是在智能化时代，微信等视频聊天工具的普及使得畅快的沟通成为可能。

同样受智能化时代的影响，大学生上网时间较长，自媒体App借助大数据对个体爱好施加精准影响。有研究表明，上网时间过多是一种与情绪冲动控制不良相关的精神障碍，姑且不论大学生从网络获取的信息是否健康有利，但过度地上网必然会使面对面线下社交的机会和时间减少，导致真实人际交流缺失，进而反过来削减面对面交流的动力，易产生孤僻甚至抑郁等不良情绪，造成人际交流的恶性循环，不利于情商的改善提升。因此，控制上网时间，离开线上网络世界，返回线下真实世界，在当下的时代则显得尤为重要。

实践证明，情商在人际交往中扮演着重要的角色，情商的高低直接影响个体人际关系的好坏。大学生人际关系主要包含同学关系和师生关系，前者又可以细分为学生社团关系、班级关系、宿舍关系以及朋友关系，研究表明，个体的同伴接纳与情绪智力水平呈显著正相关。[3]师生关系对大学生个体的情商也有重要影响，教师在传道授业解惑之外，付出心血指导学生树立正确的人生观、价值观对学生情商提高显得更为重要。

重庆交通大学舒琳老师的“情商教育课程”以提升大学生情商为己任，加强情商理论研

---

[1] 卢家楣．中国当代大学生情绪智力现状调查研究 [J]. 心理科学 .2016，（6）:1302.

[2] 卢家楣．中国当代研究生情绪智力现状及其影响因素研究 [J]. 心理科学，2017，（4）:770.

[3] 程玉洁，邹泓．中学生人际适应的特点及其与家庭功能、情绪智力的关系 [J]. 中国特殊教育，2011，（2）:66.

究、组建情商教学团队，秉持线上与线下并重、理论和实践融合的教学理念，策划组织撰写展示家书和情书、咖啡会交流、课程建设座谈等卓有成效的情商训练营活动，在挖掘学生潜能、提升学生情商水平的同时，进一步强化了师生良好的互动关系，在学生中产生强烈反响。

二、团体情商的建构

4岁的朱迪在一群相处融洽的小朋友中像个局外人。玩耍的时候，她畏缩不前，游离于游戏的边缘，而不是冲在前面扮演主角。但实际上朱迪非常善于观察幼儿园内的社会关系，她也许是小朋友中最善于理解他人情绪波动的人。

朱迪的老师把这群4岁大的孩子召集在一起玩所谓的“课堂游戏”，此时朱迪的机敏才充分显露出来。课堂游戏实际上是一个社会感知度的测试，游戏道具是一间复制朱迪所在幼儿园的玩具小屋模型以及贴有小朋友和老师大头照的图片。朱迪的老师让她安排每位小朋友到玩具屋里他们最喜欢的地方玩耍，比如艺术角、街角等，结果朱迪的安排完全正确。老师又让朱迪给每位小朋友安排他们最喜欢的小伙伴，朱迪居然能把整个班级的好朋友准确配对。朱迪的表现显示她对自己班级的社交地图有着非常清晰的认识，这种能力将会使朱迪在“人际技能”领域成为耀眼的明星。

这是戈尔曼书中引述哈佛大学心理学家霍华德•加德纳科研项目中的一个事例，展示了团队中的情商是可以通过教育得到培养的。

个体情商是团队情商的基础，如果每一个个体都害怕社交、畏缩后退，那么团队情商将很难得到培养。近年来，情商教育理念不断被吸收进社团管理和企业管理理念中，个体如何在团队中被大多数人接受，进而营造和谐高效的工作团队，也是一个非常重要的研究课题。准确认知自己的情绪、管理自己的情绪、学会自我激励、理解他人情绪及妥善处理人际关系将会有效提升社交竞争力。

认识自己，意识到情绪的发生，是提升情商水平的基础。情绪的发生不外乎产生两种结果，一种是被情绪吞没，被动处理。试想在社交活动中，一个人出现了于该项社交活动不适宜的情绪而不自知，参加这样的社交活动将不会收到很好的效果，比如情绪低落会让周围人觉得你对某方面或者某个人有意见，无形中增加了社交成本。一种是接受该情绪，主动处理，使自己情绪受控。察觉到自己情绪的不合时宜就及时调试，至少选择去隐藏该种情绪，使社交活动能正常进行下去。这里就该谈到情绪的管理了，当我们遭遇愤怒、烦躁、紧张等情绪时，如果不主动介入管理而任其发展，可能会造成非常严重的后果。

阿根廷导演达米安•斯兹弗隆执导的《荒蛮故事》由6个独立的故事组成，其中第三个故事“路怒”讲述了两个社会地位差距明显的人在荒无人烟的高速公路上因互不相让发生口角，进而情绪失控导致两人车毁身亡的故事。

如果两人在途中多次的斗气中有那么一次某一方控制住了自己的情绪，最后的结局可能就不会这么糟糕。现实生活中，因小事情绪失控而大打出手的案例比比皆是，无论有没有遭到相关惩罚，很多当事人在事后都表达了懊悔之意，付出了相应的代价。情绪管理的方式大概可以分为几种：转移注意力、向反方向进行心理暗示、把不好的情绪和感觉写下来。

然而大脑的情绪控制机制告诉我们在现实中往往不会这么简单，尤其是在不好的情绪笼罩下还有重要的学习或者工作任务的时候，这时就需要进行自我激励，需要考验个体的抗压能力、在逆境中成长进步的能力，即“逆商”。当今，社会竞争压力越来越大，很多公司或者企业在某些岗位的招聘中都提到“具备一定的抗压能力”。“抗压能力”可以在自身的能力、工作环境或者工作任务两个层面上进行理解，工作环境压抑或者工作任务繁重会让人产生难以完成的紧迫感和压力感，同时个人的能力距离完成工作任务所具备的能力间还有差距，抗压能力也就是战略上藐视面临的艰难的工作任务，战术上通过自主学习或向他人求助不断完善自己的能力素质，通过坚持最终达到平衡。

谢公与人围棋，俄而谢玄淮上信至。看书竟，默然无言，徐向局。客问淮上利害，答曰：“小儿辈大破贼。”意色举止，不异于常。

《世说新语•雅量》记载了东晋录尚书事谢安棋弈间大破前秦苻坚八十万大军而面不改色的故事。谢安作为历史上杰出的政治家，其心理抗压能力可见一斑。

在团队中识别并理解他人情绪对团队建设至关重要，在情商的本质中，同理心的基础是自我意识，我们对自身的情绪越开放，就越善于理解情绪。❶同理心在人生的竞技场上发挥着重要的作用，从销售管理到谈情说爱，从养儿育女再到同情关爱他人和参加政治行动等。

新闻报道中一名上班族因为父亲病重请假回家，却未被公司批准，等父亲丧事料理完毕返回工作岗位时，该公司竟以不假旷工为由强制解除了该员工的劳动合同，该公司的做法引起舆论哗然，后该员工将公司诉讼至法庭，经过两次审理，该公司被判决赔偿违法解除劳动合同违约金。

无论从法律层面还是道德层面，这家公司都应该受到谴责，而毫无同理心的做法也会对公司内部其他员工产生消极影响，公司的发展前景也就可想而知了。相反，某建筑行业注重企业文化建设，在人才培养过程中注重同理心，邀请新入职员工的父母到公司实地考察并与

❶ 丹尼尔•戈尔曼. 情商：为什么情商比智商更重要 [M]. 中信出版社，第 111 页 .

领导层座谈、深度交流，了解员工工作生活情况，在情感付出中使得员工不断强化忠诚度和荣誉感，企业的发展焉能不好。

本章小结

情商是相对于智商而言的心理学概念，属于人的非智力因素范畴，它的提出和运用打破了传统的“智商决定论”的人才培养模式。

情商是人类一种重要的生存能力，是个体挖掘自身潜能、调动和运用情感智慧与情绪商数等软实力的内在品质，包括自我认知、情绪管理、自我激励、了解他人及人际关系等综合内容，其中最关键、最核心的内容之一是认知情绪、管理情绪的能力。

学习情商知识、了解情绪机理及掌握调节情绪技巧至关重要，也是衡量人的内在品质和心理成熟的标志。然而，情商素养并不是人与生俱来的能力，而是在一定遗传基础上伴随人的生命成长和终身学习实践中养成的。因此，进一步加强情商研究和注重后天培养尤为关键。

有关情商的研究，大致分为两个阶段。第一阶段始于20世纪60年代，由美国心理学家贝尔德克和德国人巴布娜•柳纳率先开展。20世纪80年代，“多元智能理论之父”霍华德•加德纳将智力划分为人际智能和自省智能，并提出了对情绪治理系统的评估标准。第二阶段始于1990年，美国新罕布什尔大学心理学家约翰•梅耶和耶鲁大学彼得•萨索维首次介绍了“情绪智力”的概念和理论，主要从学术角度对“情绪智力”进行研究。1995年，哈佛大学心理学教授丹尼尔•戈尔曼提出革命性的概念——情绪智力，将情商研究推入高潮。以色列著名的心理学家巴昂1985年首创了“情商”术语，并在1997年和2000年分别推出世界上第一个测量情绪智力的标准化量表《巴昂情绪量表》和《情绪智力手册》，标志着情绪智力研究进入一个崭新阶段。

目前，得到公众认可的重要的情商理论有三种，分别为约翰•迈尔（John Mayer）和彼得•萨索维（Peter Salovy）的情绪智力结构模型、丹尼尔•戈尔曼（Daniel Goleman）的情绪胜任力模型及巴昂（Reuven Bar-On）的情绪和社会智力结构模型。

情商与智商相对应，具有发展心理学属性、交叉互补性、多元实践性、社会补偿性、团队提升性、客观反映性、主观能动性、内外交互性、知行合一性、可操作性、发展变化性等特征。

情商作为一种能力，其内涵具有不同的递进式的维度，那么情商的培养也需要遵循各个维度之间从基本层次到成熟层次的逻辑关系，同时进一步结合实践层面，情商的培养也可以从个体情商的训练养成和在此基础上的团体情商的建构两方面着手，最终达成个体幸福感的提升和团队管理的高效率。

复习思考题

1. 研究情商的意义和价值体现在哪些方面？
2. 你或身边的人对情商认知的误区有哪些？
3. 在情商的学习中，你常用的方法有哪些？

第二章
情绪管理

高情商的人往往能认知到自己的情绪变化，并能在一定环境下积极主动地调整自己的心理，做出适当的行为。美国前总统乔治•布什讲过："你能调动情绪，就能调动一切。"这说明管理好情绪对我们的生活工作起着重要作用。日常生活中，情绪似乎难以捉摸，可能因为一件小事激起我们强烈的情绪，也可能在我们不知不觉中销声匿迹——就像来无影去无踪的孙行者。我们真的能控制情绪吗？答案当然是肯定的。一个成熟的人，应该是一个善于自制的人。作为大学生，应该学会有效管理情绪，培养积极情绪，着力提升情商，不让自己被情绪所"左右"。

本章将从情绪管理的概念、情绪管理的发生机制、情绪的认知和情绪的自我管理四个方面探讨情绪的相关知识。

第一节　情绪管理的概念

不同时期不同地点，我们会产生不同种类的情绪，它反映着每个人的内心活动状态。大学生的情感体验丰富繁杂，情绪波动较大，时常会被生活中各种情绪困扰。有效认识和管理情绪，对大学生的生活、学习进而全面发展有着重要意义。

一、情绪管理的含义

（一）情绪

要想做好情绪管理，首先要了解什么是情绪。情绪是指人们对客观事物是否符合自身需要的态度体验以及相应的行为反应。情绪是个体与环境、事物之间关系的反映。它具有独特的主观体验和外部表现形式，会对人的活动产生巨大影响。[1] 因此，情绪是有方向性的。当客观事物可以满足自身需求时，人就会产生积极正向的情绪，如高兴、愉悦、满意等；反之，当客观事物不能满足需求时，人就会产生消极负向的情绪，如恐惧、失望、痛苦等。

正因为情绪的多样性，人的情绪体验往往也是复杂混合的，最常见的情绪状态为心境、激情和应激三种。

心境是一种比较微弱而持续的情绪状态，是一段时间内精神活动的基本背景，具有弥散性

---

[1] 周春明，徐萍．大学生心理健康 [M]. 北京：北京理工大学出版社，2009,（8）.

和长期性。当人一旦具有某种心境时，这种心境表现出的态度体验会影响到言行、思想和其他事物。比如，当一个人心境不好时，看什么都不顺眼，都会觉得不合心意。心境障碍（情感性精神障碍）就是指由各种原因引起的、以显著而持久的心境或情感改变为临床特征的一种疾病。

激情是一种强烈而短暂的情绪状态，具有突发性，如狂喜、恐惧、绝望等。与心境形成鲜明的对比，一个人处于激情状态时，理性分析能力、理解力以及自制力会下降，甚至失去自我控制的能力，往往还会伴随着机体状态的改变和明显的表情动作，如狂喜时手舞足蹈，恐惧时毛骨悚然。

应激是一种身心受到威胁情境时所引起的高度紧张的情绪状态。当人遭遇意外的自然灾害、重大变故、突然的危险事故时，多数会出现应激状态。有些人亲身经历地震、洪灾、猥亵等危机事件后会产生应激障碍，严重的甚至影响未来的生活体验。不过，在紧急状态下，人也能够迸发出巨大的力量。比如，人在被猛兽追击过程中，奔跑速度会比平常更快。[1]

（二）情绪管理

情绪管理是指通过研究个体和群体对自身情绪和他人情绪的认识，培养驾驭情绪的能力，并由此产生良好的管理效果。即用科学的方法，认知自己的情绪，然后通过合适的方式调整、理解、放松自己的情绪。

简单地说，情绪管理是对个体和群体的情绪感知、控制、调节的过程。情绪的管理不是要去除或抑制、躲避某些情绪，而是在识别情绪以后，调整情绪的表达方式，恰当地排解生活事件引起的反应，进而以积极、乐观的态度及时缓解紧张的心理状态。当然，情绪管理的对象不仅仅是愤怒、恐惧等消极情绪，而是包括我们生活中出现的各种各样的情绪。情绪管理包括对自己和他人情绪的识别、情绪的接纳、情绪的表达以及情绪的调整。

在生活中，我们的情绪有时就像出海捕鱼的小船，遭遇恶劣天气时可能会颗粒无收甚至被惊涛巨浪淹没，一帆风顺时可能会事半功倍丰收大吉。那么，我们就任由情绪如此主宰我们的命运吗？显然，绝对不能。我们要学会驾驭这只小船，不能被情绪牵制、主导，更不能让情绪左右、支配、束缚我们，导致不好的行为，而应该用科学积极的方法去管理情绪。

二、情绪的要素

（一）情绪的基本类型

人们因需求、情境、想法、背景等差异，会产生各种不同的情绪。如热情、骄傲、幸福、满

[1] 张庆林 . 大学生心理健康教育导引 [M]. 重庆 : 重庆出版社 .2007:56.

意、认同、信任、亲和等；蔑视、厌恶、憎恨、吃醋、敌意、仇恨、嫉妒等；歉疚、沉闷、抑郁、寂寞、失望、挫折、悔恨等；尴尬、沮丧、焦虑、忧虑、担忧、疑虑、警惕等。

心理学把人的情绪归纳分为四种基本类型：喜、怒、哀、惧。

喜：高兴、快乐、开心、喜悦。

怒：愤怒、不满、烦躁、生气。

哀：沮丧、伤心、悲伤、痛苦。

惧：焦虑、害羞、担心、惊恐。

（二）情绪的成分

情绪并不是单一的现象，而是由多种成分组成的。一般认为有以下四种成分：

1. 情绪涉及身体的变化。这些变化多数是情绪的表达形式，生理的反应伴随着我们的情绪体验。

2. 情绪是行动的准备阶段。这可能跟实际行为相联系，行动受到情绪的引导和支配。

3. 情绪涉及有意识的体验。当我们感知世界万物时，会出现情绪体验。

4. 情绪包含认知的成分，涉及对外界事物的评价，包括注意、知觉和记忆成绩与情绪关系，情绪的解释和情绪的认知发展等。[1]

（三）情绪的要素

情绪有数百种，分别有着自己的特点和细微不同，其间又有无数的混合变化。面对复杂的情绪体验，通常把情绪的要素归为三点：情绪的主观体验、情绪的外部表现和人的生理基础。

1. 情绪的主观体验

情绪具有独特的主观体验色彩，即喜、怒、哀、惧等。各种具体情绪的主观体验色调都不相同，所以给人的感受也不尽相同。由于每个人的教育背景、成长经验、认知评价、需求和目标价值等各方面的差异，相同环境对不同的人可能意味着不同的情境，因而产生的情绪也可以不同。特定情绪体验的感受色调既没有个体、民族的差异，也没有性别、年龄的差异，情绪体验的不变性是使情绪在人际间产生共鸣的保证。比如，两个人会因为不同的事件都有高兴的情绪体验，两个人也会对同一事件有高兴或者悲伤等不同的情绪体验。

2. 情绪的外部表现

情绪具有独特的外部表现形式，即表情。表情是表达情绪状态的身体各部分的动作变化模式。表情动作是一种独具特色的情绪语言，以有形的方式体现出情绪的主观体验，成为

[1] 曹志友. 大学生健康教育学 [M]. 上海：第二军医大学出版社，2007.

人际间感情交流和相互理解的工具之一。情绪的外部表现包括面部表情、体态表情和声调表情。准确识别他人的表情，是敏锐洞察他人情绪的基础和重要方法，是维护良好人际关系的必要手段。

3. 人的生理基础

情绪产生时必然伴随着显著的生理变化，中枢神经系统对情绪起着调节和整合的作用。大脑皮层对有关感觉信息的识别和评价在引起情绪以及随后的行为反应中起着重要的作用；网状结构的激活是产生情绪的必要调节；边缘系统参与情绪体验的产生；内分泌系统与自主神经系统之间的联系直接参与情绪反应。中枢各部位的功能既是定位的，又兼受皮层的整合。由此看来，每一次情绪的发生，都是包括中枢神经系统各级水平、躯体神经系统、内分泌系统的整合活动的结果。[1]

三、情绪管理的作用

（一）情绪对人的影响

1. 对生理健康的影响

《礼记》上的“心广体胖”，讲的就是当人的情绪畅快时，会越来越胖，而且越来越健康。如果有人跟我们说“您最近怎么面黄肌瘦”，即意味着我们近期情绪低落，吃喝也不正常，导致脸色越来越差，甚至身体健康上出现问题。研究指出，一个人常常有负面或消极的情绪产生时，如愤怒、紧张、脾气暴躁等，人体内分泌会受到影响，从而导致内分泌异常，最终导致生理疾病。由此可见，时常面带微笑，保持愉快心情，并以乐观态度面对人生，有助于保持生理健康。

2. 对人际关系的影响

人际关系取决于一个人情绪表达是否恰当。倘若常在他人面前任由负面情绪决堤，丝毫不加控制，乱发脾气，久而久之，别人会视我们为难以相处之人，甚至将我们列为拒绝往来户。反之，若常面带微笑、多赞美他人，以亲切态度与别人和谐相处，人际关系自然会逐渐改善，从此人生也变得较不寂寞、孤独，而且处处有人相伴，共度人生岁月。

情绪本身并无好坏之分，一般只区别为积极情绪和消极情绪。但是，由情绪引发的行为则有好坏之分，行为的后果有好坏之分，所以说，情绪管理并非是消灭情绪，而是疏导情绪，并合理化之后的信念与行为。

（二）情绪的功能

情绪是对客观事物反映的态度体验。这种体验并非毫无目的，它是适应外界变化的产

[1] 段鑫星，赵玲，李红娇. 大学生心理健康教育 [M]. 北京：科学出版社，2018:178-179.

物。情绪是一种能量，就像堤坝里蓄满的水，一旦堤坝决口，带来的灾难是无法估量的，甚至是毁灭性的，这绝不是危言耸听。所以，管理好自己的情绪非常重要。否则，不仅会伤害别人，还会伤害到自己。

所谓消极情绪，是指那些令人感到不快，且妨碍我们行动目标实现的情绪。所谓积极情绪，是指那些给人带来愉悦，且促进我们行动目标达成的情绪。之所以说情绪无好坏，是因为每一种情绪都有它的作用。而且，如果没有这种情绪，我们的一些情感将无法表达，将会诱发人的痛苦和行为失常。例如亲人的离别，例如孩子遭到父母的打骂，如果不能用哭表达当时哀伤的情感，势必造成人的压抑感、孤独感和愤怒感。而这些情感的积压，要么会导致爆发，投射到别人身上；要么把人的精神击垮，导致抑郁或躁狂。近年来，学生群体中频频发生极端事件，也多是因为压力、焦虑、挫败等情绪长期积压而得不到疏导所引起的。因此，我们可以从正反两个角度理解情绪的好坏：喜，令我们欣悦、愉快，让我们做事有热情。但很多中大奖的人，也会由于过于兴奋，打破了体内平衡而丧命（乐极生悲）。怒，虽然给我们带来冲突和事故，但如果没有，就容易被人欺负。例如，受欺负的孩子多半是因为第一次受欺负不敢表达愤怒，以至于别人认为他好欺负才继续欺负他的。持续的家庭暴力，也是因为很多妻子对丈夫的施暴忍气吞声造成的。哀，的确令我们痛苦，但如果没有，对已故亲人的情感、思念又如何表达呢。惧，可能被认为是懦弱的表现，但如果一个人什么都不怕的话，社会又怎能有秩序而言。孩子因为怕批评会守纪律，怕受伤会遵守交通规则，怕不被喜欢而尊重别人，怕落后而努力学习等。

每一种基本情绪，从内心产生的体验强度上又分为不同的等级。这些等级不同的情绪又各有不同的作用，如：表达情感，减轻痛苦，降低心力损耗，避免人际冲突，促进心理成熟。因此，我们要学会加以区分并熟练运用情绪。

（三）情绪管理的作用

情绪如四季般自然地发生。每个人都有情绪，一旦情绪产生波动，就会表现出愉快、气愤、悲伤、焦虑或失望等各种不同的内在感受。假如负面情绪常出现而且持续不断，就会对个人产生负面的影响，甚至影响身心健康、人际关系或日常生活等。

消极情绪若不适时疏导，轻则败坏情致，重则使人走向崩溃；而积极情绪则会激发人们工作的热情和潜力。有时候我们不能很好地集中精力去做一件事情，很大程度上是因为我们不能很好地控制自己的情绪。

美国临床心理学家阿尔伯特•艾利斯（Albert Ellis）提出的合理情绪疗法（又称 ABC 理论）认为：人的情绪不是由某一诱发性事件的本身所直接引起的，而是由经历这一事件的个体对这一事件的解释和评价所引起的。在 ABC 理论中，A 是指诱发性事件（activating events）；B 是指个体在遇到诱发事件之后产生的信念（beliefs），即他对这一事件的看法、解释和评价;C 是指特定情景下,个体的情绪及行为的结果(consequences)。

人们通常会认为,人的情绪的行为反应 C 是直接由诱发性事件 A 引起的,即 A 引起了 C。ABC 理论则指出,诱发性事件 A 并非直接引起人的情绪反应 C,而人们对诱发性事件所持的信念 B 才是引起人的情绪及行为反应的更直接的原因。由此,不正确的信念就会导致不合理的情绪反应。

例如:两个学生一起在校园散步,迎面碰到他们的辅导员,但对方没有与他们打招呼,径直走过去了。两个人对此的想法却是有很大差异的。其中一个人认为:他可能正在想别的事情,没有注意到我们。即使是看到我们而没理睬,也可能是有什么特殊的原因。而另一个人却可能有不同的想法:是不是上次检查宿舍卫生时我顶撞了他一句,他就故意不理我了,下一步他可能就要故意找我的茬。

两种不同的想法就会导致两种不同的情绪和行为反应。前者可能觉得无所谓,该干什么仍继续干自己的;而后者可能忧心忡忡,甚至心生敌意,以至无法冷静下来干好自己的工作。从这个简单的例子中可以看出,人的情绪及行为反应与人们对事物的想法、看法有直接关系。在这些想法和看法背后,有着人们对一类事物的共同看法,这就是信念。前者的信念在合理情绪疗法中被称之为合理的信念,而后者的信念则被称之为不合理的信念。合理的信念会引起人们对事物适当、适度的情绪和行为反应;而不合理的信念则相反,往往会导致不适当的情绪和行为反应。如果人们一味坚持某些不合理的信念,长期处于不良的情绪状态之中,将会导致情绪障碍的产生。

情绪合理疗法对大学生情绪管理非常适用和重要,在处理感情问题、人际关系、学业问题以及就业问题中效果甚好。比如,大学生恋爱中经常有“我对他或她那么好,可以倾其所有,可是为什么他或她不喜欢我或者还要跟我分手”的问题,本质上来讲就是我们的认知信念出错了:我对别人好,不能等于别人要同等程度对我好,即我喜欢别人,别人可以喜欢我也可以不喜欢我。因此,形成正确的信念是非常重要的。

情绪管理并非全盘否定不良情绪,而是让所有的情绪并存,通过调节合理地表达。它反映了一个人在情绪识别、适应、调控方面的能力。

情绪管理的目标是为了得到健康情绪,即:

(1)情绪是由适当的原因而引起的。

(2)情绪反应的强度应能和引起它的情境相适应。

(3)情绪反应能以客观情境的变化为转移。

(4)情绪持续稳定。

(5)心情愉快平静。

第二节　情绪的发生机制

我们有这么多的情绪，它是如何产生的呢？生理学研究结果表明，情绪是人脑对外界客观事物与主体需求之间关系的反应，受到荷尔蒙和神经递质的影响，是与心情、性格、脾气、目的等因素相互作用的结果。情绪既是主观感受，又是客观生理反应，具有目的性，也是一种社会表达。情绪是多元的、复杂的综合事件。现代心理学研究认为，情绪的产生受情境事件（刺激因素）、生理状态（生理因素）和认知过程（认知因素）三个条件制约。[1]

情绪是我们内心情感体验的表达。我们可以通过语言来表达，也可以通过面部表情来表达，还可以通过肢体动作来表达。很多时候，我们的表达方式是复杂多样的，会同时出现以上几种方式。那么，这些内心的情感体验又是怎样产生的呢？内心产生什么样的情感体验，可能与我们对所面临刺激的态度有关。而我们的态度又取决于我们对所面临刺激的评价，而这个评价可能与我们的经历有关。所以，情绪不仅与情感体验有关，还是心态的产物。一般认为，情绪发生机制分为情境、需要、认知、行为四个阶段。

一、情绪与情境

人的情绪不会无缘无故地产生，必然有其发生的情境。不同情境产生不同的情绪体验，包括季节、天气、地理环境、生活环境、色彩、接触的物质，甚至音乐等等都会影响我们的情绪体验。正如人们所说，人逢喜事精神爽，当学业成功、身处优美的环境，会让人产生愉快的心情；反之，人际的冲突、学习的压力、生活中的挫折，甚至恶劣的气候，会使人感到烦躁和抑郁。除了外在的环境和事件会直接引起情绪变化外，自身生理和心理的反应也同样会引起情绪变化。例如，人在青春期，身体的急剧变化引起内分泌的紊乱，容易造成情绪上的躁动。情绪可能会随着环境的变化而变化，“近朱者赤近墨者黑”，因此在一个恶劣的环境里，如果不去调整自己的情绪，我们就很容易被环境左右和影响。例如：大学宿舍里的其他室友都爱学习，并积极乐观，多数情况下，你也会跟他们差不多；同理，如果宿舍的室友都爱抱怨、爱打游戏、脾气暴躁，你如果不能很好地坚持和调整自我，你也可能变成类似的人。

二、情绪与需要

一名大学生，在漂亮的异性同学面前常会感到紧张和羞怯，有时还会面红耳赤。为此，

[1] 中共重庆市教育工委重庆市教育委员会．大学生心理成长导引 [M]. 西南师范大学出版社，2009:103.

他感到自责和困扰。人的情绪为什么有时候难以自制？情绪产生与变化的背后，实际反映着我们的需要。例如，当得到他人称赞时，满足了自己的自尊和成就的需要，从而产生荣誉感和喜悦感；相反，当受到他人冷落时，就会产生失落感和孤独感，因为自己被接纳的需要没有得到满足。大学学习和生活的过程，也是大学生追求并实现自身需要的过程。大学生的需要是多样化的，如完成学业、培养能力、发展自我、追求爱情，还有娱乐、健康、发展兴趣等。这些需要是多层次的，有些是眼前的需要，有些是长远的需要，有些需要之间还是相互矛盾的。实现和满足这些需要，会受到各种条件的局限与制约，因此，引起情绪的波动就不难理解了。大学生恋爱过程中，有些时候，我们总以为给予了对方最好的东西，却得不到想要的回应或效果，问题可能就在我们给对方的再好，但并不是对方所需要的。因此，高情商的人会更加关注和察觉他人需求的"好"，而非自认为的"好"。

情绪化是幸福的杀手

与其一天到晚怨天怨地说自己多么不幸福，不如借由改变自己的情绪和个性来改变命运。没有人天生注定要不幸福的，除非你自己关起心门，拒绝幸福到访。

一个星期五的晚上，到家后的杨同学在客厅整理从学校拿出来的资料，母亲在阳台刷鞋。母亲神情黯然，动作非常利落，鞋刷与鞋、水槽壁碰撞声较大，像在发泄她内心深处的不快与埋怨。这时候，父亲从客厅端去一杯热茶，双手捧到她面前。这感人的画面，温暖得叫人差点落泪。为了留下美好的画面，杨同学准备拍照记录。正拍摄时，他惊讶地听到母亲回赠父亲："别在这里假心假意啦，在做事喝什么茶！"父亲低着头，又把那杯茶端回屋里。杨同学想，那杯热茶一定在瞬间冷却了，像他的心。母亲继续刷鞋，边刷边抱怨："端茶来给我喝，少惹我生气就行了。我真是苦命啊！早知道结婚要这样做牛做马，还不如出家算了。"

也许她需要的不是一杯热茶，而是有人来分担她琐碎繁多的家务。但是，在爱人对她献殷勤的时候，其实没有必要把情绪发泄到对方身上。

一时的情绪化，常常是自身幸福的杀手。

作为"社会人"，我们无时无刻不在与外界发生着情感联系，不管是在单位、学校、家庭之中，还是在同事、同学、亲友之间，这些联系每天都循环往复，不管你是否在意。当你胸怀大志而未受到重用时，当你犯了错误而遭到斥责时，当你的婚姻濒临破裂时，当你的恋爱屡经坎坷时，当你的家人去世时，当你的学业不佳时，如果不善于调节情绪，加上性格和环境等因素的影响，如性格内向、害羞、社会适应不良等，心中有"苦"而口难开，或言不由衷，就会导致"情绪便秘"。如果这种情绪长时间得不到宣泄，会忧郁成疾，引发身体疾病，或产生精神障碍和行为异常。

美国著名外科医师希格尔曾表示，一个人如果无法表达出内心的冲突，生命机能运作将受到影响。所以，我们要设法打开心灵和身体的沟通管道，将正面情绪的信息送进心里和体内，同时将不好的情绪排解出来。

三、情绪与认知

情绪虽然与客观事物是否满足人的需要相关，但是面对同样的事物，不同的人却会有截然不同的情绪感受。认知对于情绪的影响较大，大学生的部分情绪问题跟认知的不全面、不准确有关系。比如，同一门考试中，学生对刚刚及格的分数有着不同感受，有的人庆幸，庆幸及格了；有的人惋惜，怎么没考得更高一些；有的人会感到极度失落，因为他从小到大没得过这么低的分。再比如，同一就业单位的面试中，毕业生对面试失败有着不同的情绪态度，有的学生认为是自己能力还不够，需继续努力；有的学生认为面试成功的人肯定是有关系或者运气好，不承认他人的优秀；有的学生会很失落，一直埋怨自己不行，却不去认真分析原因，总结经验。为什么会有这些完全不同的反应呢？这是因为认知不同的缘故。心理学研究表明，人们只有通过认知，对客观事物与需要的满足做出判断与评价，才会产生相关联的情绪反应。认知若发生改变，情绪也会随之发生变化，合理情绪疗法（ABC）的核心就是通过纠正我们对事物的认知来调整我们的情绪体验。那么，正确的认知观会对我们的情绪管理起到非常积极的作用。

四、情绪与行为

行为是情绪的重要表现形式，一个人的情绪状态，会导致其产生或消除导致行为的动机，并直接影响到行为模式及过程和效果。行为是情绪的显性体现，不同的行为体验来源于不同的情绪态度，所以才会有高兴了就哈哈大笑、愤怒时拍桌怒吼、悲伤时嗷嗷大哭等反应行为。例如，一个学生因取得优异成绩而产生的成就感，使得他更加努力地学习；而一个学生过度的焦虑情绪，会使他感到心烦意乱，而无法专心学习；对考试的过度恐惧感，也会使人在考试中发挥失常。情绪对行为起着一定的调节作用，当做能满足自己需要的一些事情时，人就会有欣慰和充满热情的情绪感受，它会使自己的行为得到加强；而某一行为破坏或阻碍了自己的某一种需要时，就会产生厌烦、排斥的情绪感受，它同样会使自己的行为削弱或停止。可见，情绪与行为的关系并非是单一的决定与被决定的关系。

50%的人被活活气死

心理学家认为，情商并不是天生的，50%的人是被活活“气”死的，他们因为情绪激动而导致脑出血。30%的人是活活“吃”死的，他们死于肥胖带来的一系列疾病。还有20%的人是被活活“累”死的，因为他们没有劳逸结合。

根据这个说法逆向推断一下，如果能管住自己不生气，就能增加一倍的生存机会。科学研究早已证实，很多癌症与负面情绪相关，比如乳腺癌。情商不足的人，长期处于抑郁、幽怨、愤恨中，其结果自然在身体器官上反映出来。

有人抱怨：一点儿芝麻蒜皮的小事就能让我生半天气！生起气来，就感觉“火”突突突地往上冒，怎么都压不住。的确，不生气可是门大学问，这与一个人的情商高低相关。情商高的人，更能够管理好负面情绪，积极乐观地生活。

各类心理学家对情绪的研究很多，根据情绪构成理论认为，情绪不是单一的事件，而是综合性的。当情绪发生时，有以下五个基本元素必须在短时间内协调同步进行。

认知评估：指注意到外界发生的事件（或人物），认知系统自动评估这件事的感情色彩，因而触发接下来的情绪反应。例如：看到心爱的宠物死亡，主人的认知系统会把这件事评估为对自身有重要意义的负面事件。

身体反应：指情绪的生理构成，身体自动反应，使主体适应这一突发状况。例如：会意识到死亡无法挽回，宠物的主人神经系统觉醒度降低，全身乏力，心跳频率变慢。

感受：指人们体验到的主观感情。例如：在宠物死亡后，主人的生理和心理产生一系列反应，主观意识察觉到这些变化，把这些反应统称为“悲伤”。

表达：指面部和声音变化表现出这个人的情绪，这是为了向周围的人传达情绪主体对一件事的看法和他的行动意向。例如：看到宠物死亡，主人紧皱眉头，嘴角向下，哭泣。对情绪的表达既有人类共通的成分，也有各自独有的成分。

行动的倾向：指情绪会产生动机，我们的一些行为是由情绪引起的。比如：高兴的时候会想着与人分享，悲伤的时候想向他人倾诉排解，甚至在情绪失控时会做出一些平常不会做的举动。[1]

第三节　情绪的认知

我们的情绪往往并不是简单地只有高兴或者恐惧一种情绪表现，而是多种情绪并存的、交错复合的。比如，我们突然见到多年未见的老同学，我们可能会出现高兴、激动、惊讶等多种情绪。想要有效地管理情绪，就需要清楚情绪有哪些，它们的表现形式是什么。然后，去识别自身情绪和他人情绪，并且要学会接纳我们所有的情绪，不要去抑制或者逃避消极情绪，否则身心都可能受到伤害。

---

[1] 李秀茹．大学生情绪智力与职业情商 [M]. 北京：清华大学出版社，2019:72.

一、情绪的表现形式

情绪主要表现有多种，比如开心、高兴、兴奋、激动、喜悦、惊喜、惊讶、生气、紧张、焦虑、怨恨、愤怒、忧郁、伤心、难过、恐惧、害怕、害羞、羞耻、惭愧、后悔、内疚、迷恋、平静、急躁、厌烦、痛苦、悲观、沮丧、懒散、悠闲、得意、自在、快乐、安宁、自卑、自满、不平、不满等。一些心理学家认为，快乐、愤怒、恐惧、悲哀，是人最基本的情绪表现。这四种情绪目的性强，复杂程度低，强度大，紧张性高，所以具有典型性。掌握情绪的表现形式，对我们准确识别自身情绪和他人情绪有重要作用。

1. 快乐

快乐通常是指一个人所追求的目标达成后，紧张状态随之解除时的情绪体验。这种体验的程度与所追求的目的价值成正比，目的达到和紧张解除的突然性，可以影响快乐的程度。例如，一场实力悬殊的比赛，强者轻易取胜，只会感到轻微的喜悦，但如果弱者通过努力，经历一段紧张后反败为胜，就会带来加倍的快乐。

快乐是我们绝大多数时刻最想要的情绪体验，获得快乐的体验也是我们进行情绪管理的目标之一。趣事、音乐、喜剧等也可以带来快乐，而此时的喜悦程度就取决于个人目标满足程度和舒适度的高低。与快乐相关的情绪有：如释重负、满足、幸福、愉悦、骄傲、兴奋、狂喜等。

2. 愤怒

愤怒往往是由于遇到与愿望相违背的事，或者在目的和愿望不能达成并一再受到妨碍的情况下产生的情绪体验。愤怒的产生取决于阻碍目的达到的顽固性，以及受阻扰的识别程度，特别是当个体认识到所遇到的挫折是不合理的，或是被人恶意造成时，就容易产生愤怒。

愤怒的产生过程，可以是从不满、生气开始，然后到愠怒，最后发展成愤怒、大怒。强烈愤怒时，当事人可能会对阻扰对象付诸攻击行动。被攻击的对象可以是人，也可以是物，可以是阻碍的直接对象，也可以是“替罪羊”。愤怒的行为表现是打骂、搏斗或摔砸。经有关研究表明，经常愤怒的人更容易出现某些生理疾病，控制愤怒的情绪，对保持身心健康是非常有帮助的。

与愤怒相关的情绪有：生气、愤恨、发怒、不平、烦躁、敌意等。

3. 悲哀

悲哀是与失去所热爱、所追求的事物以及希望遭到破灭有关的情绪体验。悲哀的程度取决于个体对所失去东西价值的认识，深切的悲哀大多是由于失去贵重的东西所引起，如失去亲人常常引发极度的悲哀。深度的悲痛情绪往往比较强烈、持久；轻度的悲哀可以仅仅是微不足道的失望或遗憾。所以，悲哀的体验是从遗憾、失望到难过、伤心、悲痛、哀恸，渐次增强。

哭泣，是悲哀所带来的紧张情绪的外部释放。它可帮助消解积压在心中的痛苦，对健康是有利的。极悲而不哭泣，虽然可能是性格所致，但一般被认为是不符合心理健康要求的。

与悲哀相关的情绪有：沮丧、伤心、悲伤、痛苦等。

4. 恐惧

恐惧是一种企图摆脱、逃避某种特定处境的情绪态度。恐惧的产生往往是因为缺乏处理或摆脱可怕情景或事物的能力，在遭遇困难、威胁时自身却无能为力，由此产生一种不可抗拒的无力感，继而感到恐惧不安。因此，缺乏应急能力是产生恐惧的关键原因。

恐惧极具感染力。旁观者在看到或听到恐怖事件的发生时，常常也会引起自己的恐慌。一个人在恐惧中的叫喊，能使他人产生与呼叫者相同的感受，这就是情绪状态的信息传递作用。恐惧可引起相应的神色和行为改变，也可导致尿失禁、精神失常、心脏病突发等异常情况的发生，因此要防止过分的、突然的惊吓。

与恐惧相关的情绪有：焦虑、惊恐、紧张、慌乱、忧心、警觉、疑虑等。

二、自我情绪识别

我们知道解决问题的关键在于清楚问题的所在，即找到问题。同样的，要想管理好情绪，最重要的就是首先要察觉到自己的情绪是什么。日常生活中，要时刻提醒自己：我现在的情绪还好吗？例如：当因为同学借你东西没有及时归还而冷言冷语时，问问自己：我为何这么做？我现在心情还好吗？如果你察觉你已对多次发生类似问题感到气愤，你就可以对自己的情绪做更好的调节。有些人认为人不应该有情绪，进而不承认自己的消极情绪。需要知道的是，人必然会有情绪，一味地压抑情绪反而会带来更糟的结果，学着洞察、发现自己的情绪，才是正确的做法，也是进行情绪管理的第一步。

因此，情绪管理的难点在于，我们有时候根本意识不到情绪的存在，比如，一个没精打采的人耷拉着脑袋说："我不累，我可以再坚持一会。"意识不到情绪的存在，当然不可能有效管理情绪。而且，我们大部分人都相信，人是理性的，遇到问题理所当然在理性层面找出口，即使始终无果，不愿意也不相信理性之外，还存在着强大的非理性力量。前面已经提到，情绪对我们的生活有非常强大的影响。比如，我们在受到不公平对待时，会自然而然产生愤怒的情绪。但如果我们没有意识到它的存在，它就可能会以其他的形式体现出来。比如，让你失去工作的动力，完成任务的效率会变低，创造力会下降……因为你在生气，你不想让领导这么快满意。

每个人都会出现相同类型的情绪，但体验感却各有差异，这是为什么呢？比如两个人对愤怒的体验存在不同，有的人可能会因为朋友的迟到而愤怒，而有的人可能不会因此愤怒，却会因为朋友不借钱给自己而愤怒，这是因为每个人对客观事物的需要存在差异，由此造成的情绪体现是不同的。我们可能知道两个人愤怒的诱因不同，不过在愤怒时我们都专注于愤怒本身，注重于如何释放情绪，并未来得及去顾及或察觉我们在体验愤怒情绪上的方式有哪些差异，但是我们在愤怒时的表情和动作很相似：心跳加快、皱眉、握紧拳头等等。这就需要我们认真分析和总结，准确掌握自身情绪的生理和心理的常规反应，以便在下一次有相同情绪体验时，清楚我们的处境，反向地利用情绪的结果来看清情绪给我们的信号，便能更恰当地做出调整，进而有效地管理情绪。

情绪体验的身体反应[1]

序号	客观的（生理的）	主观的（情绪的）
1	心跳加快	心脏猛烈跳动
2	血液迅速流到皮肤表面	脸红的面部表情
3	胃动	不舒服的胃动的感觉
4	肾上腺素的血糖增加	感到更强而有力
5	肌肉紧张度增加	紧张的情绪
6	唾液分泌减少	口干舌燥

焦虑、愤怒、悲伤、沮丧等都属于负面情绪，我们往往自然地认为负面情绪是坏的，所以总想要干掉它。其实，负面情绪是有积极意义的，就好像身体的疼痛一样。我们都知道，疼痛很不舒服，但疼痛的作用是为了给你报警，提醒你：你的身体可能受伤了。

情绪对我们来说，也有类似的作用。有些情绪让我们感觉不舒服，但它不是为了伤害我们，而是提醒我们，有一些事情正在我们身上发生，我们从情绪出发，厘清当下的混乱，看清它，正面面对我们所处的真实处境。所以，它其实是我们的朋友。

我们也可以通过区分原生情绪和次生情绪来识别情绪。原生情绪是指初始的、基本的内心情感反应。次生情绪是对原生情绪所产生的情绪，情绪背后有真相，真相背后有情绪，试着换位思考理解别人，更要关怀自己，觉察情绪，“停下来”识别行为背后的情绪，认清我们的处境，然后接纳、表达情绪，做情绪的主人。

我们几乎时时刻刻都会出现各种情绪，如愉悦、苦闷、惊恐等。当情绪出现时，尽量放慢处理情绪的速度，好好体会它，觉察它带给我们各个方面的变化，包括内心变化、生理行为等。比如，每当我们愤怒时，认真感受心理和生理变化：是感觉被什么压着喘不过气，是怒火燃烧，还是脑子一片空白；是心跳加速、紧握拳头、焦躁不安，是想拍桌、打骂他人还是忍气吞声。我们的每种情绪体验都是不同的，可以深刻体会每种情绪的样子并牢记它，当类似情绪出现时，就可以准确觉察出，及时提醒自我加以控制，比如“我又愤怒了，需要冷静下来”。

---

[1] 王焕琛，柯华葳 . 青少年心理学 [M]. 台北：心理出版社，1999，（7）:115.

三、他人情绪识别

在情绪认知过程中，我们不仅仅要识别自己的情绪变化，也要敏锐洞察他人的情绪。能够准确识别他人情绪，就能审时度势，关注到他人的需求变化，及时做出完美的回应，提升人际关系中的个人魅力值，这是高情商的一种重要表现。

识别他人情绪需要我们通过细微的信息敏锐感受到他人的需求，通过积极关注和共情，感同身受他人的处境，理解、分析他人情感。识别他人情绪是移情的能力，是在自我认知基础上发展而来的最基本的人际技巧。结合自我情绪的识别方法，我们还要通过洞察他人情绪的反映，观察他人的外部表情、言语表情、行为，来识别情绪。

表情与之最紧密的表情[1]

表情	可能的表情	表情	可能的表情
脸红	羞愧、羞怯	尖叫、出汗	痛苦
身体接触	关心	毛发直立	害怕、气愤
紧握拳头	生气	耸肩	服从
哭泣	悲伤	嘘声	藐视
皱眉	生气、挫折	发抖	害怕、担心
笑	高兴	—	—

识别情绪是对正在发生的情绪的敏锐洞察，了解各种感受的前因后果。一个有觉知的人，才能适时对自己的情绪做出正确反应，进而给情绪找到恰当的转化出口。同时也能因及时觉察他人情绪，掌握情绪中反射出来的社会信息，从而能更好地与他人相处。

准确识别情绪要求我们在生活中要敏锐洞察、时刻关注，无论是识别自我情绪还是他人情绪，都需要我们抓住情绪特点，察言观色，学习微表情，反复练习，并做好长期坚持的准备。在情商提升过程中，识别自我情绪和识别他人情绪并不是独立存在的，应该是相辅相成的，共同作用的。

四、平和接纳情绪

（一）减少甚至停止抱怨

生活中难免有不如意的事情，面对诸多不快，我们有时候会选择抱怨，这是一种情绪的发泄。究其原因，抱怨是对生活不满的另一种表达方式，是宣泄也是排解，人们习惯从外界找原因，“老天对你不公”“生活没有善待你”……

---

[1] 艾森森 M. 心理学：一条整合的途径（下册）[M]. 上海：华东师范大学出版社，2000:737.

如果抱怨太多，一旦形成习惯，很容易引起一种惯性思维，形成一种固定模式的思维。这种思维不但不能解决问题，反而会影响人的心情，甚至引发生理问题。抱怨是一种循环，是一种负能量的恶性循环，长期抱怨，传达负能量，负能量辐射周边人群，影响整体的氛围。抱怨也会“传染”，会把不良情绪传给别人，影响他人的生活质量。长此以往，这种习惯会改变别人对你的认知，这种操作模式会让周边的朋友对你敬而远之，使你的人际关系越来越差。

生活不可能一帆风顺，遇到困难和挫折，我们不要自乱阵脚，需要认真反思，从多方面查找原因：客观原因和主观原因，外因和内因等等。凡是理智的人都会静下心来思考，不会整天抱怨连天。抱怨确实能抒发心中的怨气，但有时候不能从根本上解决问题。因此，我们要少一些抱怨，多一些思考和努力。多找自身存在的问题，少从客观上找理由。此外，还应顾及周围人群的情绪，这种抱怨情绪是否会影响他人，也许因为你简单的几句抱怨，周边的人便会陷入低落的情绪之中。

更严重的是，习惯性抱怨会使人变得更加狭隘，有损团结，可能让很多朋友对你另眼相看，逐渐疏远你。与其抱怨这个世界，不如用抱怨的精力，努力改变让自己产生抱怨的情境，同时提升自身的综合素质。当然，你也可以利用“抱怨”来调节情绪，但是要慎重！例如，有些人平时也会抱怨，但这并不是真正的抱怨，这种“抱怨”限定了时间和频率，以及对象等，只是通过抱怨的方式来排解自身的不良情绪体验。

（二）平和地接纳情绪

我们对客观事物产生的情绪有喜有忧、有积极有消极，我们也知道情绪本身没有好与坏，所有情绪都有它存在的意义。就像人既存在高尚的品质也存在卑劣的品质。任何一种情绪的产生都是合理的，我们不能只想得到积极的情绪，而刻意不承认消极的情绪。

识别情绪后接纳情绪是非常必要和重要的。当然，接纳情绪并不是对情绪让步，而是重新对它进行审视，允许它们出现并达到共处。情绪是与生俱来的，如同日出日落般的自然规律一样，情绪是心理和生理对刺激的本能的反应，是客观存在的，我们很难去阻止情绪的出现，但可选择接纳。接纳我们此时此刻的情境，接纳我们所经历和感受的一切。不管是积极的情绪还是消极的情绪，都是我们的态度体验，不必反抗，不必埋怨，情绪并没有对错，先全部接纳就好。更不要与情绪纠缠，而是从旁观者的角度重新审视它，允许它出现并让它存在。

不断地尝试后，你会发现情绪一旦被接纳，情绪就会被淡化。即使再难受，也要提醒自己，这只是暂时的，再糟糕的情绪也不会一直持续，例如我们进行户外徒步挑战，走到一半路程时，感觉身心疲惫，想要放弃，此时你会选择退回起点还是继续走一半的路程抵达胜利的终点呢？

第四节 情绪的自我管理

情绪的自我管理是利用正确的方式驾驭各种各样的情绪，进而达到良好的管理效果，做情绪的主人。情绪管理是一门学问，也是一种艺术，要把控自如、恰到好处。要想把控好情绪，做情绪的主人，首先要识别自己的情绪，也能洞察他人的情绪，进而科学管理自身情绪。善于把控、调节自我情绪的人，往往能够消除情绪的负能量，最大限度地发挥情绪的正能量。

上一节中我们阐述了要准确识别自身情绪和他人情绪，以及接纳情绪，本节将讲述情绪管理中需要掌握的重要步骤和方法：表达情绪、管理情绪，以及在日常生活中如何培养积极情绪。

一、合理表达情绪

情绪是需要表达出来的，情绪的自我管理就是表达情绪时需要通过最恰当的方式。亚里士多德曾说："任何人都会生气，这没什么难的，但要能适时适所，以适当方式对适当的对象恰如其分地生气，可就难上加难。"据此，情绪管理指的是要适时适所，对适当对象恰如其分地表达，让人能够接受。

（一）情绪表达的原则

1. 时效性

情绪表达要注意时间，即在合理的时间范围内做出正确的回应。时过境迁再表达，不但难以起到激发他人心理体验的作用，而且容易给人造成翻旧账的错觉。

2. 承受性

由于每个人的性格特点、心理承受力、认知力等的差异，对外界事物刺激的反应也会存在差异，因此很多事情是不能同等对待的。如课堂违纪行为对于一些心理素质较差的学生来说，合适的处理方式为：只需用目光稍微暗示一下即可。然而对于性格外向"厚"脸皮的学生，就需要点名警告，严肃处理。如果反过来，前者可能因此而产生受伤害感，后者则没有任何效果。

3. 一致性

情绪表达的内容，要与接受刺激的内容一致。如果对学生上课睡觉的行为不满，你可以直接地告诉他，你对他上课睡觉的行为很生气，并要求他立即改正。但万万不可把上课违纪与其他事情，如与同学发生冲突的事摆在一起。

4. 水平性

表达情绪时，要注意自己表达时的情绪强度与引起情绪刺激的强度相吻合。切不可因芝麻大点小事大怒不止，也不要对是非原则问题轻描淡写。前者容易激起敌意，后者容易给人留下大事小事无所谓的印象。

5. 无害性

情绪表达的结果要对自己、对他人、对环境均不产生严重伤害。表达情绪，一是希望引起对方情感上的触动；二是由此引发对方对自己行为的反思；三是促成当前问题的解决，而不是单纯发泄自己的不满，也不是为了攻击对方，更不是制造新的问题。因此，表达情绪时，一定要铭记自己表达的目的，要合情合理，切不可违背表达的初衷，即可以“正当防卫”，但不要“防卫过当”。

（二）合理表达情绪

情绪产生后，如果长期堆积留存，就会引起心理甚至生理疾病，因此需要将情绪表达出来。但是，表达的方式不应随意为之，应该是合理的、恰当的，否则就达不到情绪管理的效果，比如“借酒消愁愁更愁”。合理表达情绪，要有意识地使用表情、言语和身体行为等“语言”，根据自身确切需求，诚实地表述或发出请求。愤怒的情绪转换成需要、情感表达，更可能产生有帮助的反应。此外，呼吸训练、肌肉放松训练、运动、看电影等方式也可以帮助我们宣泄情绪，还可以找亲人、朋友等值得信赖的人倾诉。

情绪是人的本能反应，是一种常见的心理和生理活动，并非洪水猛兽，需要我们积极地认识和管理。合理表达情绪是将情绪以恰当的方式反馈给周围的人或者环境，是根据需求发出的一种信号，让他人了解和理解，可以更好地将消极情绪进行减弱和转移。情绪表达体现了个人的行为艺术性，它是主观可为的，也是需要学习、训练的，如同驾车、学习专业知识等其他技能一样。日常生活中可以通过不断有意识地练习表达的“程度”，来提升情绪表达的合理性，进而来更好地管理情绪。杜绝“个人生闷气，他人却不知”的现象，保持身心的健康，收获多彩的人生。

二、有效管理情绪

当我们识别了情绪，也接纳了情绪，并且合理地表达了情绪，接下来就可以有效地管理情绪，以下方法供大家借鉴。

（一）心理暗示法

从心理学角度讲，就是个人通过语言、形象、想象等方式，对自身施加影响的心理过程。

这个概念最初由法国医师库埃于 1920 年提出，他的名言是："我每天在各方面都变得越来越好。"通过积极的自我暗示，在不知不觉中对自己的意志、心理以至生理状态产生影响，积极的自我暗示令我们保持好的心情、乐观的情绪、自信心，从而调动人的内在因素，发挥主观能动性。而消极的自我暗示会强化我们个性中的弱点，唤醒潜藏在心灵深处的自卑、怯懦、嫉妒等，从而影响情绪。[1]

与此同时，我们可以利用语言的指导和暗示作用，来调适和放松心理的紧张状态，使不良情绪得到缓解。心理学实验表明，当一个人静坐时，默默地说"勃然大怒""暴跳如雷"等语句时心跳会加剧，呼吸也会加快，仿佛真的要发起怒来。相反，如果默念"喜笑颜开""兴高采烈""把人乐坏了"之类的语句，那么他的心里面也会产生一种乐滋滋的体验。由此可见，言语活动既能唤起人们愉快的体验，也能唤起不愉快的体验；既能引起某种情绪反应，也能抑制某种情绪反应。因此，当生活中遇到情绪问题时，我们应当充分发挥语言的作用，用内部语言或书面语言对自身进行暗示，缓解不良情绪，保持心理平衡。比如默想或用笔在纸上写出下列词语："冷静""三思而后行""镇定"等等。实践证明，这种暗示对人的不良情绪和行为有奇妙的影响和调控作用，既可以松弛过分紧张的情绪，又可用来激励自己。

（二）注意力转移法

简言之，就是把注意力从引起不良情绪反应的刺激情境，转移到其他事物上去或从事其他活动的自我调节方法。这种方法可以中止不良刺激源，防止不良情绪蔓延。可以通过关注自己感兴趣的事物来增进积极的情绪体验。

当情绪出现不佳时，外出散步，看看电影、电视，读读书，打打球，下盘棋，找朋友聊天，换换环境等，有助于平复情绪，在活动中寻找到新的快乐。这种方法，一方面中止了不良刺激源的作用，防止不良情绪的泛化、蔓延；另一方面，通过参与新的活动特别是自己感兴趣的活动而达到增进积极的情绪体验的目的。

也不妨试试转移自己的看法：要想克服一些小事情所引起的困扰，只要把自己的看法和重点转移一下就可以，让你有一个新的、能使你开心一点的看法。一个善于运用情商的人，完全能够掌控和调适自己的情绪，不会为一点琐碎小事而忧虑，特别是不要让还没有发生的忧虑困住自己，因为 99% 的忧虑其实不会发生。

（三）适度宣泄法

过分压抑只会使情绪困扰加重，而适度宣泄则可以把不良情绪释放出来，从而使紧张情绪得以缓解。因此，遇到不良情绪时，最简单的办法就是宣泄。宣泄一般是在背地里，在

---

[1] 程玮．大学生心理教育与发展 [M]. 北京：科学出版社，2008.

知心朋友中进行。采取的形式或是用过激的言辞抨击、谩骂、抱怨恼怒的对象；或是尽情地向至亲好友倾诉不平和委屈等；或是通过体育运动、劳动等方式来尽情发泄；或是到空旷的山林原野，拟定一个假目标大声叫骂，发泄胸中怨气。一旦发泄完毕，心情也就随之平静下来。必须指出，采取宣泄法来调节自己的不良情绪时，必须增强自制力，不要随便发泄不满或者不愉快的情绪，要采取正确的方式，选择适当的场合和对象，以免引起意想不到的不良后果。❶

宣泄的同时，以下几点值得注意：

1. 可行易行

宣泄的方式要适合自己现有的条件。否则山里的人非要找海，海边的人非要上山，虽说可能有效，但又如何去实施呢？

2. 无副作用

有人遇到烦恼时猛吃东西，结果越吃越胖，却因为体形而感到难堪。有人爱拿家人发火撒气，恶化了家庭的气氛，结果反受其害。

3. 不唯一

调节形式应多样化，“东方不亮西方亮”，不要只从某一个人或某一种单一途径来进行宣泄。

4. 不逃避

情绪不佳时，不应该采取从现实中逃避的心理调节形式，不能放弃自己应该做的事情。

（四）情绪升华法

情绪升华是改变不为社会所接受的动机和欲望，使之符合社会规范和时代要求，是对消极情绪的一种高水平宣泄，是将消极情感引导到对人、对己、对社会都有利的方向去，是一种化悲痛为力量的代表。如一同学因失恋而痛苦万分，但她没有因此而沉沦，而是把注意力转移到学业中，立志做生活的强者，最终考取知名大学研究生，证明了自己的能力。

屈原被放逐以后，写了《离骚》；司马迁遭受凌辱，身陷囹圄，却以《史记》传世；歌德于失恋中得到灵感与激情，写出脍炙人口的世界文学名著《少年维特之烦恼》……这些都是情绪升华法应用的经典案例。

（五）自我安慰法

有时，我们需要换种思维模式，用生活中的哲理或某些明智的思想来安慰自己，鼓励自己同痛苦和逆境进行斗争。自我鼓励是人们精神活动的动力源泉之一，在痛苦、打击和逆境

❶ 曹志友．大学生健康教育学 [M]. 上海：第二军医大学出版社，2007.

面前，只要能够有效地进行自我鼓励，就会感到力量，就能在痛苦中振作起来。自我安慰法能够帮助人们面对挫折，消除焦虑，有助于保持情绪的安宁和稳定，避免精神崩溃，可以达到自我激励、总结经验、吸取教训的目的。

（六）指导交流法

有的情绪我们自己不能很好地解决，需要寻求他人的指导和交流来调节。遇到挫折时主动地请求指导和帮助，是意志坚强的体现；同时，替人分忧更是一种助人为乐的美德。因此，遇到困难和难以解决的问题时，学会倾诉和寻求帮助，这并非软弱和无能，更不必担忧遭人讥笑，人在失败时，常常最缺乏主张。“当局者迷，旁观者清。”亲人、同学、好友、师长对挫折原因的分析，往往比较能够对症下药，更容易帮助我们找到走出困境、跨进成功大门的途径。正如人们常说：“一个痛苦两人分担，痛苦就减轻了一半。”当感到有信赖的人在关心、爱护和尊重自己时，就会减轻挫折反应的强度，增强对挫折的承受力。

当然，必要时，我们还可以通过改变自身所处的生存环境或人际关系环境，甚至改变饮食习惯等来进行情绪管理。总之，要通过符合自身需要和实际的方式合理管理情绪。

三、培养积极情绪

（一）积极消除负面情绪

培养积极情绪的同时，首先要消除一些常见的负面情绪。

1. 愤怒

愤怒是一种常见的消极情绪，也是一种激烈的情绪表现。如有的大学生因为一件小事破口大骂，甚至动手伤人。

愤怒时我们往往会失去对情绪的控制，进而产生不好的后果。工作、学习中，领导、同事或者同学经常发怒，会对人际关系和工作效果存在不利影响；在家庭环境中，如果家长容易发怒，对孩子的教育引导以及家庭关系的维护也会产生不良反应。愤怒还会影响我们的身体健康，常言道：怒伤肝。

我们要学会制怒。加强心理的控制，培养自我控制能力，树立正确的世界观、人生观、价值观。

2. 性急

性急是压力下表现出的一种状态，体现出人情绪的不稳定性，性急的人不懂得控制节奏，容易损害健康，越急就越易失定。性急之人稍有不如意会心乱如麻，易怒，不耐烦，对未完成的事感到局促难安，对事情思考不够。

解决性急的方法：要懂得控制节奏，多给自己一点时间，做好工作的细节安排。时常对自己进行心理暗示或跟自己对话。培养一些慢节奏的兴趣爱好，如钓鱼、养花等。

3. 紧张

学习生活中令我们紧张的时刻有很多，紧张来自忙碌、竞争、高度重视、工作效率低下以及不自信等原因。紧张时，我们可能会肌肉绷紧，手心发汗，血液化学平衡失调，会对工作、学习造成不利影响，甚至改变事情结果。

对应的方法可以选择净化法（静坐），运动法（增强体力，松弛技术）。

4. 悲观

悲观是认知不正确的体现，会因为不恰当的思考而产生。碰到挫折，能区隔思考的人，表现乐观，不能区隔思考的人则表现悲观。面对顺境时，乐观者与悲观者的思考模式正好相反。乐观者如有隔仓的船，悲观者如没有隔仓的船，容易因不停进水而沉没。解决的方法就是要学会乐观，积极向上。

5. 嫉妒

大学生的家庭环境、教育背景、社会关系等有着很大差异，导致其看待事物的观念不同，嫉妒心常有。嫉妒产生的根源有：自我封闭、自卑、自我中心等性格缺陷。大学生的嫉妒心理常常来自学业、人际、感情、容貌、经济方面和求职择业等方面。

要调整嫉妒心理，可以选择降低对自己的预期；增强修养，发展宽容之心；多多参加集体活动，尝试多去认可和赞美他人，设心处地为别人着想，与他人密切交往加深理解；培养达观的人生态度、自得其所、自得其乐；尽量不去与别人攀比，多与过去的自己比；要全心地为自我提升而努力。培根曾说：“每一个埋头沉入自己事业的人，是没有工夫去嫉妒别人的。”

6. 冲动

控制自己的情绪和行为，是人情商高的表现。然而在我们的生活和工作中，经常会有一些人为一点小事而乱发脾气、大动干戈，甚至做出违法行为，严重破坏了和谐的环境，更损害了人与人之间的关系。心理学家认为，冲动是一种行为缺陷，它是指由外界刺激引起、突然爆发、缺乏理智而带有盲目性、对后果缺乏清醒认识的行为。

矫正冲动的方法：一是学会理智待事，日常可培养一些慢节奏的兴趣爱好；二是要转移冲动情境，换一种合理方式释放冲动体验。从长远来说，要克服容易冲动的不良习惯，必须解决思想认识上的问题。要逐步养成心胸宽广、淡泊名利、处事不惊、乐于接纳不同意见的良好习惯。

（二）培养积极情绪

调节情绪的能力是一个循序渐进的过程，需要我们不断地去学习、实践运用和分析总结。生活中难免会有很多负面情绪，但我们可以努力培养一些积极情绪，为情绪管理奠定基础，为快乐生活注入源泉。

1. 微笑

都说爱笑的人运气不会很差，多多微笑也会“赶走”不良情绪，在适当地方、适当时机我们也可以欢然大笑。

2. 倾诉

与亲近的人倾诉内心的苦闷，在诉说中释放自己的情绪，同时还能获得更多的诠释、劝解和安慰。

3. 懂得感恩

感谢对我们自己有帮助、关心我们的每一个人，感恩父母的爱和辛苦付出，感恩国家、感恩学校、感恩老师、感恩亲友、感恩现有的一切。多花一些时间陪伴父母和亲人。

4. 学会赞美

积极发现并赞美周围同学、朋友和亲人的优点。保持良好的人际关系。

5. 不断学习

活到老学到老，在学习中必能收获，也能发展。

6. 爱自己

要爱他人爱家国，也要爱自己，真爱自己的身心，成为一个健康的人。

7. 敢于挑战

参加高级别的学科竞赛，参加一项富有挑战性的活动，突破自己，完善自己。

8. 积极乐观

永远都要有一颗对生活乐观的心。

9. 保持运动

保持身体健康，同时运动也是振奋情绪的好方法。

10. 看看励志电影、书籍

记录一些鼓励人战胜困难的励志语句，情绪沮丧时大声朗读；看积极向上的影片，找一些激励自己的书、杂志和励志格言看看，消气顺心，提升斗志。

11. 听动情的歌

当自己处于情绪低落、精神不振时，借助歌勾起美好的回忆，有意识地去想起自己曾经成功、高兴、幸福的片段，从而调动出或者重新回味当时积极的情感，有利于振奋情绪，迎难而上，舒缓自我。

12. 养喜欢的花草

修身养性，放慢节奏，享受生活。

13. 亲近自然

让身心与大自然融为一体，感受宇宙。面对广阔的大自然，所有的失落、悲伤、心酸、苦闷等不快都会变得如沧海一粟。

14. 心理咨询

不要排斥心理咨询，参加心理咨询，参加心理训练，获得交流互动，深化个人认知，有效解决私密问题。

本章小结

良好的情绪对生活、健康、人际关系和事业发展有着重要的作用，管理情绪本身就是一种能力，更是进行情商训练的重要环节，需要我们科学地对待，持之以恒，逐步提升。学会认知情绪，可以帮助我们了解情绪的类型和发生机制，更好地帮助自己识别情绪，以便快速地寻找科学的办法排解不好的情绪体验，同时因为自己能力的增加，更能了解和我们互动的人的情绪。

有效地识别自身的情绪和他人的情绪，以及妥善管理好自己的情绪，能有效地提高情商。情绪本身是不分好坏的，因此需要我们接纳情绪，承认我们出现的情绪，允许它们并存。但是情绪所带给我们的行为结果会却有好坏，所以我们要对情绪进行合理地表达，以及有效地管理，使之往较好的方向发展。虽然，情绪看不见摸不着，并且复杂多样，但我们可以通过长期锻炼，提升情绪管理的能力，不做情绪的奴隶，争做情绪的主人，使情绪得到有效的管理和运用。同时，在日常学习生活中，还要通过微笑、倾诉和学会赞美等方式努力培养积极情绪。

复习思考题

1. 情绪是什么？情绪管理的意义何在？

2. 情绪有无好坏之分？为什么？

3. 你认为现代大学生的情绪特点有哪些？

4. 如何敏锐察觉自己和他人的情绪？

5. 如何培养自己的积极情绪？

6. 某学生会主要干部，工作能力强，对工作充满热情，但工作一段时间后因为担心任务繁重，会对学习造成一定干扰，加上因为工作细节问题受到老师的严厉批评，逐渐产生失望情绪，对厘不清头绪的工作感到厌烦，工作态度也有些懈怠，产生主动辞职的想法。你觉得应该怎么帮助他呢？

第三章
自我激励

小时候，我们经常得到来自父母、亲友和老师的鼓励，一句话也好，一个小小的奖励也罢，都会令我们信心倍增，仿佛有无穷无尽的力量。但当我们踏入社会进入职场后，我们发现，很多事情都要靠自己。特别是身处异地，孤身一人来到一座陌生的城市，人生地不熟，无论工作还是求学，我们并不能像儿时那样随时被关注和呵护。我们更不能停下来，因为一旦停下来我们可能就会被淘汰。这时，我们其实很需要得到鼓励，去击退我们的颓废情绪和糟糕心情，继而激发我们的潜能和热情，继续在职场上、学业上前进。生活中，人人都需要被激励。初入职场的年轻人需要被激励，向更高层次迈进的精英需要被激励，惨遭失败的创业者更需要被激励。激励可来自他人，也可来自自己。他人的激励固然更客观有效，但不由我们控制，不是每次都能及时出现，而自我激励却是由我们主宰。只要我们愿意，它就会第一时间出现，发挥作用。因此，学会自我激励，将更有效地帮助我们面对人生路上的各种挫折和困境。

第一节　自我激励的概述

一、自我激励及相关概念

（一）自我激励

自我激励是指个体具有不需要外界奖励和惩罚作为激励手段，能为设定的目标自我努力工作的一种心理特征。换句话说，自我激励就是在正确认识自我的基础上，坚持正确的信念，对自己进行自我肯定、自我鼓励，使自己的非智力因素发挥积极调控作用。自我激励是战胜消极因素的动力，是催人奋进的强大动力。

生理学、心理学研究表明：自我激励之所以有如此大的威力，是因为人们在进行自我激励时，大脑皮层的优势兴奋中心会调动多种积极因素，产生神奇的作用。而这种作用是任何外部力量都无法替代的。

自我激励是为集中注意力，将情绪专注于一项目标而自我调动、指挥个人情绪的能力。一个人在任何方面的成功，都包含能够自我激励、积极热情地投入等因素。一般而言，具备自我激励能力的人，无论做什么事情都会更有效率，更富有成效。

自我激励能力强的人，能够用语言或其他方式对自己的知觉、思维、想象、情感、意志等心理状态产生某种刺激，这种刺激是一种提醒或指令，它会提醒你应该将注意力集中在哪里、应该追求的目标是什么，以及应该采取什么样的行动。

心理学家史金诺通过动物实验得出结论：当动物实施好的行为时，给予其奖赏，其学习速度快，意志力也更持久；反之，当动物实施坏的行为时，给予处罚，其学习速度和意志力都比较差。这个实验同样适用于人类，实验中提到的这种奖赏属于"激励"，是要通过本人对自己的鼓励或者外部的激励来完成。人的成长，需要老师及长辈们的帮助、需要大家的扶持、需要领导的提携以及朋友的勉励，但是一味依赖别人的"激励"是不长久的。就像通过往血管里注射营养剂来强身健体一样，不能从根本上解决问题，关键还是要靠自己。事业成功者，大都是掌握自我激励的人。因此，自我激励在个人走向成功中起着引擎的作用。

（二）自我暗示

自我暗示是通过视觉、听觉、嗅觉、味觉、触觉五种感官元素给予自己心理暗示或刺激，以影响自己的情绪、意志，支配人的行为的一种心理学方法。自我暗示是通过调节自身状态，调动自身潜在的力量激励自我、重塑自我，使自己处于最佳精神状态。比如许多运动员在比赛时，会闭眼深呼吸，提醒自己放轻松保持平常心。又如汽车驾驶员在行车前，在车内悬挂平安吊坠，以求一路平安。凡此种种，都是通过自我暗示对自己的心理和行为产生激励作用。

（三）自我暗示与自我激励的区别

自我暗示是指自己自发主动地通过言语或手势等间接的方式向自己发出指示信息，确保自己按自己示意的方向去采取行动。自我激励除了可以用暗示的方式，还可通过多种直接明了的方式，如用名言、警句等来激励、约束自己。也就是说，自我暗示是一种有效的自我激励的手段，自我激励包含自我暗示。二者的主要区别为一个是暗示、间接的方法，一个是明示、直接的方法。

二、自我激励的作用

（一）自我激励可以激励自己向目标靠近

"如果你预演想象，你的生活可以彻底改变。"这句话的意思是说，一个人如果心里能够相信什么，他就能够得到什么，自我想象是什么样的人，就真的可能成为那样的人。伦敦大学的罗博•博哈利博士在教智力障碍的孩子学习时说："想一个你认识的很聪明的人，然后闭上双眼，想象你就是那个聪明的人。”孩子们按照要求照做以后，测试结果显示，孩子们的分数都显著提高！之所以会达到如此神奇的效果，是因为一个人如果调动全部身心状态，投入到一场生动逼真的想象中去，他的潜意识将分辨不出当下是处在现实中还是想象当中。大脑就会按照想象时所创造的记忆画面，下达行动指令，引导我们走向想象中的情境。

人类的所有行为都有一定的目的或目标，这种有目的的行为都是受激励而产生的。一个人若不断地自我激励，会使其产生内在的动力，并向着期望的目标前进，最终达到目标。美国历史上最年轻的总统西奥多•罗斯福在谈到自己的成功时，并不认为自己有什么天赋和非凡才干，而是自己善于自我激励，把平凡的才能“在尽可能的限度内，发挥到异乎寻常的高度”。因为善于自我激励，患有麻痹症的罗斯福也能实现连任美国总统的目标。

（二）自我激励可以改善不良情绪

回想早上起床时，你是不是总贪恋床上的慵懒和温暖？是不是许多不得不做的事使你不得不起床？被迫起床完成工作是不是让你一天都提不起精神？起床时的心情会伴随你一天，决定你的身心状态。中国有句话叫“鸡鸣即起”，每天清晨起来，给自己一个微笑，对自己说：“美好的一天开始了。”这将会给你带来一天的好心情。这样的自我激励，可以让昨日的烦恼随风而去，取而代之的是一个积极健康的情绪状态，伴你走向成功。

当你参加一些富有挑战性、竞技性的活动时，比如考试、竞赛等，或学习中遇到困难时，在心里暗暗地鼓励自己：沉住气、别紧张，胜利一定是属于自己的。这样往往能增强自信心，稳定情绪，遏制冲动，避免造成不良后果。当身处逆境时，自我激励的作用更加明显。

（三）自我激励可以保持对学习和工作的高度热忱

充分的自我激励能够使我们面对挫折而不退缩，面对困难而不动摇，同时唤起自己最大的热情和潜能，相信自己是人生的主宰，朝着目标坚定前行。每个人都有无限的潜能，只要愿意去尝试与努力，去坚持，就一定能尝到成功的喜悦。

1991 年，有一个叫坎贝尔的女子穿越非洲，她克服了种种困难，包括身体的艰辛，还有心理上的孤独感，穿越茂密的森林，忍受沙漠的酷热，一个人徒步通过了 400 英里的旷地。当有人问她是什么原因让她能做到这样的壮举时，她回答说：“因为我说我能。”这人继续问道：“是向谁说过这句话的呢？”她的回答是：“我向自己说过。”人生的旅程就像跑马拉松，一路上虽然有观众喝彩、加油、打气，但这些都只是外在因素，真正的力量来自自我，来自内心。就像马丁•路德•金说过：“世界上所做的每一件事都是抱着希望而做成的。”

（四）自我激励是获得成功的基本保证

即使有完美的个性、科学的方法，但如果缺乏前进的信心，也很难成功。圣女贞德说：

“所有战斗的胜负首先在自我的心里见分晓。”前进道路上，对我们影响最大的莫过于选择乐观的态度还是悲观的态度。这种抉择可能激励我们前进，也可能阻碍我们前进。一个人无论多么坚强，都需要勇气、力量和希望。

德国专家斯普林格在其所著的《激励的神话》一书中写道：“强烈的自我激励是成功的先决条件。”因此，不要让糟糕的心态成为你成功路上的绊脚石。

三、自我激励与情商的关系

高情商的人大都积极正向，正能量满满，能够让与他相处的人感到非常舒服、轻松、温暖和快乐。之所以有这样的魅力，很大原因在于这类人意志力和抗压能力强，懂得自我激励，不仅能正视自己的不足，还能将其转化为动力。

根据美国哈佛大学丹尼尔•戈尔曼教授对情商五种能力的描述，激励自己情绪的能力（即自我激励）是高情商者必备的能力之一。自我激励能够整顿情绪，增强注意力，让自己朝着一定的目标努力。美国哈佛大学心理学家威廉•詹姆士通过研究发现，一个没有受激励的人，仅能发挥其能力的 20% ～ 30%，而当他受到激励后，其能力可以发挥至 80% ～ 90%。这表明，同一个人，在经过充分激励后，所发挥的潜能可达到激励前的 3 ～ 4 倍。可见，自我激励是一个人事业、学业成功的推动力，是情商的心灵动力。

因此，良好的自我激励能力是高情商的表现之一。善于自我激励的人，能够让自身最大的潜能得以发挥，做到那些看似不可能实现的事情。而不善于自我激励的人，哪怕各方面条件优于别人，但遇到困难就打退堂鼓，抗挫能力弱，将难成大事。

（一）情商要素与自我激励

首创“情商”一词的著名心理学家鲁文•巴昂博士，通过近 20 年的研究，发明了世界上第一个专业情商测评量表 EQ-i，用 5 个维度 15 项指标对情商进行测评。确切地说，这 15 项指标是一个人的情商在工作、生活中所显现出来的效果，因其直观易感，通常也被视为 15 个情商技能。

1. 自视

就是在尊重、认可自我的同时，也能接受自己的不足。自尊和自重决定了一个人对自我价值的肯定。

2. 情感自察

就是能够识别、区分自己的不同感受，清楚知道事情的起因。这是其他情商技能的基础，也是探索和理解自我、做出改变的第一步。

3. 抗压能力

就是能积极主动地应对压力，从而经受住困难事件和压力形势，身体或情绪不出现负面症状。

4. 冲动控制

就是能够抗拒或延迟冲动、驱动力或贸然行事的诱惑。表现为对挫折的容忍度低，无法控制愤怒以及突然爆发不可预测的行为。

5. 实际验证

就是客观地看待事物，并能寻求证据来确认自己的感受和想法。

6. 解决问题

就是能够在带有情绪色彩的情境中解决问题，理解情绪是如何影响决策的。这与全力以赴地迎接挑战的渴望相关。

7. 乐观精神

就是遇事总往好处想，在逆境中仍能保持积极的心态。

8. 快乐心态

就是能够看到生活中的光明面，保持积极的态度，即便面对困境也依旧如此。这与一个人的总体愉悦感和生活热情有关。

9. 坚定果断

就是表达自己的感受、观点和理念，并坚持自我。

10. 独立性

就是能依靠自身力量，引导控制自己的思考和行动，摆脱对他人的情感依附。这源自一个人的自信和内心的力量，以及对自主满足预期和义务的渴望。

11. 自我实现

就是为能最大限度地开发自己的天赋和能力而不断努力。这关系到自我满足感，也就是对自己在生命高速路上所处的位置感到满意。

12. 同理心

就是有能力感受并认同他人的情感和想法。同理心强的人，可以不带任何评判色彩地表达出自己的观点。

13. 乐群利他

就是渴望并能够自愿为社会、为自己所处的团体，以及为他人的总体利益做出贡献。

14. 人际交往

就是有能力建立和维护令双方都满意的人际关系，包括有意义的社会交换。其特点就是对他人敏感。这不仅意味着渴望与他人培育友好关系，还意味着能在这样的关系中感到轻松舒服，并保持积极的期待。

15. 灵活性

就是能够针对不断变化的环境，调整自己的情绪和行动。

在上述 15 项能力中，第 1、3、5、6、7、8、9、10、15 项情商技能均与自我激励有关。[1]

（二）几乎所有成功人士，都拥有一项共同的情商特质：自我激励。[2]

对许多成功人士的研究表明，他们有一个共同特征：就是善于自我激励。英国著名理论物理学家史蒂芬•霍金，二十一岁就被诊断出患有渐冻症，且被告知只能活两年，两年光阴飞逝，他依旧活着。虽然只能瘫坐在轮椅上，甚至不能说出一句完整的话，但他并没有抱怨，而是将注意力集中在目标上。在自我激励下，霍金教授成为人类历史上最伟大的人物之一。美国盲人海伦•凯勒，从小双目失明，在家庭教师沙利文的关爱指导下，海伦•凯勒学会正视自己的残疾，增强了面对生活的勇气。经过多年的艰苦练习，她成为一名家喻户晓的伟大作家。司马迁，西汉著名史学家，遭遇意外横祸，使他身受“腐刑”，但他并没有被逆境击倒。出狱后，他以惊人的毅力，忍受着身体和心灵的巨大折磨，完成了我国第一部纪传体通史《史记》。20 世纪 80 年代身患残疾的张海迪也是这么一个善于自我激励的人，五岁时便高位截瘫，但她乐观向上、不畏艰险，自学成才，用她的智慧与热情奉献社会。

成功人士的自我激励意味着“主动追求”，对一个情商高的人来说，会主动完成自己的任务，而不是消极等待。它具有开放性学习品质，乐于接受新的知识，不断地完善和充实自己的知识结构，破解新的难题。成功人士的自我激励意味着“求实坚毅”，对一个情商高的人来说，在困境中也能继续自己的学习与生活，保持积极的信念、良好的心态。

（三）高情商的人有很好的自我激励与自我管理能力。

自我激励是一种延迟满足和抑制冲动的情绪能力。自我管理就是指个体对自己的目标、思想、心理和行为等进行管理的能力，自己激励自己，自己管理自己的事务，最终实现自我奋斗目标的一个过程。高情商的人能够为了实现某个目标而做好自我管理，将自己的精力集中在事情本身，而不被干扰，随时随地控制好自己的时间和情绪。那些不懂得这些道理的人，遇到让自己开心的事情就抑制不住地去做，不考虑后果，这些不经思考的举动很可能会让自己做一些后悔的事，这都是缺乏抑制冲动的表现。想要拥有高情商，就要学会自我管理和自我激励。

---

[1] 李秀茹 . 大学生情绪智力与职业情商 [M]. 北京：清华大学出版社，2019:184-185.

[2] 刘伟 . 情商与推销 [M]. 华文出版社，1999:11-12.

第二节　自我激励的机制

美国情绪智力研究专家科尔曼将自我激励能力视为人类情绪智力的五大成分之一。他认为:“自我激励首先通过认知层面,对自己提出克服困难和坚持目标的理性要求,抵制本能所产生的退缩等消极意念,转而沉浸于充满自信的积极情绪的体验中,以促成目标的实现。”因此,自我激励是个人主动地通过对自己的认识,适时地激发和鼓励自己,并付诸实践,保持工作行为振奋、工作成果高效的动态过程。它是利用某种诱因使自己的潜力处于激活状态,调动自己的积极性和创造性,使自己处于有活力的自觉行动的良好状态之中。

美国心理学家班杜拉在《思想和行动的社会基础——社会认知论》(1986)一书中明确提出了自我激励理论,对自我激励的内在机理进行了研究。他认为:“自我激励包括自我观察、自我评价、自我反应三个环节。”

美国著名的教育技术学者克拉克提出了 CANE 模型(1998),对目标的追求和心智努力是 CANE 模型中最主要的动机目标。他认为:“坚持性越高,心智努力水平越高,个体的自我激励水平就越高,也就越有可能完成给定的任务”。

综合以上观点,可以发现自我激励的发生和运作机制包括三个过程,即认知评价、情绪唤醒和自觉行为。

一、认知评价

(一)含义

认知评价是指个体从自己的角度对所遇到应激源的性质、程度和可能的危害情况作出估计,同时也包含面临应激源时个体可动用的资源。

个体对生活事件的认知评价过程分为两步:初级评价和次级评价。初级评价是个体在某一事件发生时立即通过认知活动判断其是否与自己有利害关系。一旦得到有关系的判断,个体会立即对事件是否可以改变即对个人的能力作出估计,这就是次级评价。伴随着次级评价,个体会同时进行相应的应对活动:如果次级评价事件是可以改变的,常常采用针对问题的应对;如果次级评价为应激源不可改变,则往往采用针对情绪的应对。许多研究证明,对事件的认知评价在生活事件与应激反应之间确实起到决定性的作用。

(二)认知评价理论

认知评价理论由德西和莱恩(Deci&Ryan)在 1985 年提出,之后发展为自我决定论的亚理论,是指人对客观事件、事物的看法和评判。他认为控制行为的外部强化无视个人的自我决定，促使人们把自己的行为认知为是由外部所决定的，因此导致内在动机的降低，使本来具有内在兴趣的活动必须依靠外在奖励才能维持的行为。正如文学家钱锺书所言："内在的不足才借助外在的多余。"外部强化对于本身具有固有兴奋性的活动不仅是多余的，而且是有害的。

认知评价理论认为：虽然人们可以分别被内在、外在因素激励，但这两个因素并不是毫无影响的。当对某种工作结果进行外部奖励时，那种因喜欢做这种工作而产生的内在激励作用便会降低，因为这会使人们感到他们不是自觉的人，是为了外部因素而工作，为了奖励而工作，觉得自己丧失了对自身行为的控制。

认知评价理论解释了为什么在组织中对出色的工作绩效进行奖励有时反而会使工作动机降低。

认知评价理论认为激励因素可以分为两类：

1. 内在激励因素

即工作目的就在于工作本身，人是为了工作而工作。

2. 外在激励因素

即工作目的不在于工作本身，而在于获得外部的奖赏，工作只是获得奖赏的工具。

过分强调外在激励因素会导致内在激励因素的萎缩。

（三）影响因素

人在认识客观事物时，其认知的结果并非完全反映客观现实，人们产生的认知结论常常与自己的认知特征相关，所谓"仁者见仁，智者见智"就是这个道理。当环境发生变化时，个体的主动注意与知觉选择密切相关，而个体既往建构的认知模式、当时的情绪状态、对变化的期望、主观主导寻求信息的方面或对不完整信息猜测的填补、受主观影响的记忆选择和重组等均影响个体对客观事件的客观评价。

此外，个体的人格特征、价值观、宗教信仰、健康状态和既往经历均会影响对应激源的评价。社会支持一定程度上可以改变个体的认知过程，而生活事件本身的属性与认知评价关系密切。

在对事物的认知评价中，一些学者认为持悲观归因模式者对消极事件作内部的、稳定的和一般的归因，降低了个体的自尊和自信，增加了环境变化评价为应激源的可能性。

个体对客观事物的认知评价并非一成不变，某一事件可能被某人认为是应激性的，而对别人并非如此。同一个个体可能在某时认为某事件是应激性的，而在另一时候却不这样认为。

由于认知评价在应激过程中具有重要作用，使得认知因素在疾病发生发展中的意义已越来越被肯定。近年来已有许多心理病因学的研究工作证明，个体的认知特征与某些心理疾病、躯体疾病的发生、发展和康复有密切的关系。

在应激过程中，影响个体对环境变化的认知评价除与上述因素有关外，心理防御机制在评价过程中起着重要的作用。心理防御机制是精神分析理论的概念，其运作过程是潜意识的，当本我的欲望与客观实际条件出现矛盾而造成潜意识的心理冲突时，个体会出现焦虑反应，此时潜意识的心理防御机制就起到减轻焦虑的作用，此时个体的认知评价受心理防御机制的影响。成熟的心理防御机制能够使人保持健康，而不成熟的心理防御机制可能影响人际关系或损害个体的健康。

二、情绪唤醒

（一）定义

情绪唤醒是指由情绪所引发的生理唤醒状态，这种生理状态令我们产生独特的情绪体验，可以进一步激发我们的行为。[1]

根据最近在美国心理学学会期刊《心理科学》(*Psychologicial Science*)发表文章的约拿•伯杰(Jonah Berger)所言，"唤醒"在一定程度上促使了人们分享故事和信息。"唤醒"的意思是：生理或心理被吵醒或是对外界刺激重新产生反应。激活脑干，自律神经系统和内分泌系统，使得机体提高心率和血压准备接受外界刺激、运动和反应。唤醒性情绪包括：悲伤、愤怒和被逗乐。无论是由于情绪激发或是其他一些原因，当人们在心理上被唤醒时，自律神经就被激活，从而促进社会性传播行为。简而言之，特定情绪的唤醒可以决定一条信息能否被传播。

唤醒可以帮助大脑激活生理功能，调动各个器官，并在遇到危险时及时反应等。那么，什么样的情绪能够激活生理唤醒呢？按唤醒水平分类，可以将情绪分为高唤醒情绪和低唤醒情绪。

高唤醒情绪会令人们心跳加速，血压升高，并激发人们的行为。任何事物，只要能激活我们，形成生理唤醒状态，我们的行为就会被触动。

低唤醒情绪会令人们心跳放缓，血压降低，抑制人们的行为。这是一种相对平和的状态，可以令我们的身心得到放松和休息，但不会激发行为。

（二）情绪唤醒模型

情绪唤醒模型是认知过程、生理状态和环境因素在大脑皮层中整合的结果。环境的刺

[1] 伯杰(美). 疯传：让你的产品、思想、行为像病毒一样入侵 [M]. 电子工业出版社，2014.

激因素通过感受器向大脑皮层输入外界信息；生理因素通过内部器官、骨骼肌的活动，向大脑输入生理状态变化的信息；认知过程是对过去经验的回忆和当前情况的评估，来自这两方面的信息经过大脑皮层的整合作用，才产生了某种情绪体验。

将上述理论转化为一个工作系统，成为情绪唤醒模型。

这个工作系统包括三个亚系统：

第一个亚系统：来自对环境的输入信息的知觉分析。

第二个亚系统：在长期生活经验中建立起来的对外部影响的内部模式，包括过去、现在和对将来的期望。

第三个亚系统：现实情境的知觉分析与基于过去经验的认知加工的比较系统，称之为认知比较器。它带有庞大的生化系统和神经系统的激活机构，并与效应器官相连。

情绪唤醒模型的核心部分是认知，通过认知比较器把当前的现实刺激与储存在记忆中的过去经验进行比较，当知觉分析与认知加工间出现不匹配时，认知比较器产生信息，动员一系列的生化和神经机制，释放化学物质，改变脑的神经激活状态，使身体适应当前情境的要求，这时情绪就被唤醒了。

（三）实验研究

宾夕法尼亚大学的市场学助理教授伯杰发现："在之前的论文中，人们发现在《纽约时报》上刊登的情绪类文章的转发率最高。但有趣的是，人们发现激发正面情绪的文章一般都被广而传之，而激发负面情绪的文章情况就比较复杂：焦虑和愤怒一类的负面情绪会提高传播率，而其他诸如悲伤的情绪则会降低传播率。在这里，唤醒作用似乎发挥了至关重要的作用。"

为了证明他的猜想，伯杰设计了两个不同的实验。伯杰认为恐慌、愤怒或者是被逗乐能够促使人们分享新闻和信息。不同的情绪被分为高唤醒性和低唤醒性两种。伯杰认为："令人恼火的事情远比伤心事要容易与家庭和朋友分享，因为你的机体在生理上和心理上都被激发了。"

在第一个实验里，为了消除主观影响，93 个学生被告知他们即将做的两个测试完全相互独立。第一个实验的第一个测试中，不同实验组的学生被要求观看一些视频剪辑。这些视频剪辑可能会引起高唤醒性情绪（如焦虑、被逗乐）或是低唤醒性情绪（如悲伤、满足）。在第二个测试中，研究人员发给被测者不带感情的文章和视频，然后问他们是否希望与朋友和家庭成员分享这些信息。结果显示受高唤醒性情绪影响的学生们更倾向于与人分享。

相比之下，第二个实验显得更为宽泛。同样，40 个学生被要求完成两个"相对独立"的测试。首先，他们被要求在静止或是晃动的地方待上一分钟（在晃动的地方待上一分钟已经被证明是一种能够促进唤醒的行为）。接下来他们需要读一篇不带感情的新闻，并且可以发给任何人。结果显示摇晃组学生比起静止组更倾向于与朋友和家人分享信息。

伯杰对社会传播如何令网络信息变得具有病毒式传播性尤为感兴趣。他说:“当今社会上,脸书、推特以及其他社交网站和社会传媒太热了。因此对于公司和组织来说,想要有效地利用这些技术,就要理解人们为何谈论和分享某些事情,而忽略其他。”

伯杰表示这项研究的应用价值非常广泛。他说:“人们的行为很大程度上会受到周围人所作所言的影响。无论你是想要扩大知名度的公司,还是希望宣传健康饮食的公众健康组织,这些实验结果都为有效的信息和传播方式给出了建议。”

三、运作机制

自我激励的发生和运作机制大致为:

1. 个体以目标为导向

以目标为导向的人,会按照目标、计划、行动、资源、结果等考虑问题。过程中即使遇到同样的问题,因为目标已定,计划是按目标制定的,资源只是配合实现目标的,就容易不信赖单一资源,如果提前有所准备,整合好资源,结果也会可控很多。

2. 评估

评估一方面是指对目标大小、自我能力和素质的评估,另外一方面是指对达到目标过程中可能经历的困难,自身可利用的外界条件以及它们之间的关系做出评估。

3. 实践与激励

根据目标以及相关的评估,个体自觉付诸实践,适时地激发和鼓励自己唤起积极情绪并保持振奋的工作行为。

4. 克服困难

在实践过程中会出现许多困难,想方设法不断克服,并通过克服在困境中出现的消极情绪来达到最终目标。

5. 自我激励的水平

自我激励的水平实际就是为设定的目标而自我努力的水平,其中自我努力包括心智努力和行为努力。心智努力表现为,对目标大小、自我能力和素质、达到目标过程中可能经历的困难以及自身可利用的外界条件及其之间的关系做出评估,克服消极情绪,唤起积极情绪,保持振奋的工作行为。行为努力则表现为,自觉持续不断地为目标付诸行动。

第三节　自我激励的方法

在美国作家欧•亨利的经典短篇小说《最后一片叶子》里,一个生命垂危的病人看着窗外不断飘落的树叶，身体也越来越糟。她心想，当最后一片叶子掉落时，自己也要死了。一位老画家知道后，画了一片逼真的叶子挂在树上。病人看到一直没有掉落的最后一片叶子，受到鼓舞，顽强地活了下来。

在这个世界上，大到生存，小到完成一项工作任务，很多成功都是自我激励的结果。自我激励不是简单地在内心给自己加油、鼓劲，而是一种有具体方法可循的心理技巧。美国家喻户晓的人生励志导师钱德勒，结合自己的人生体验，给出了100种自我激励的方法。掌握自我激励的方法，可以在面对困难时产生积极向上的动力，协助脱离困境实现目标。在这个过程中，你将会发现人生有无数可能。

以下是本书精选的一些方法，希望可以帮助你变得更乐观和强大。

一、坚定信念激励法

信念是一种指导原则和信仰，使人明了人生的意义和方向。信念就像脑子的指挥中枢，指挥我们的大脑按照自己的信念支配我们的行为。丁玲说："人，只要有一种信念，有所追求，什么艰苦都能忍受，什么环境也能适应。"[1]可见信念对于一个人成功的重要性，它是力量的源泉、是自我激励的动力。反之，如果一个人的信念缺失，精神世界就会坍塌，就像少了马达缺了舵的汽艇，随波逐流，生活将是一塌糊涂。

不是所有的信念都会支撑你走向成功之路，因为信念有积极和消极之分。积极的信念，产生激励作用，而消极的信念，却产生阻碍作用。可以说，持有的信念不同，所创造的人生也会有所不同。

选择积极的信念，你就会具有较高的自我价值感，认为自己可以做出一些非凡的事情，从而产生激励作用。选择积极信念的人遇到困境时，也不会轻言放弃，而是通过不断地尝试与挑战，找到解决问题的方法。这样的积极信念，能使人的潜能在困境中最大限度地发挥出来。他们看到挫折中的有利因素，把失败看成是一次经验、一种信息反馈，并加以利用来调整自己的努力方向和目标。爱迪生为了发明电灯，曾试过一千多种灯丝。每次失败，他都激励自己永不言弃。当有人嘲笑他时，他也是理直气壮、特别自信地说："我发现了一千多种物质不适合做灯丝。"正是这种积极的信念，激励着爱迪生取得了非凡的业绩。

由此可见，积极的信念会产生极大的激励作用，使人变得精神百倍，以更加专注的态度追求目标，取得成功。任何时候都不要放弃信念，有了信念就有了行动的力量，它可以帮助你战胜任何困难。

---

[1] 罗双平 . 青年自我激励法 [J]. 中国青年研究 .2003,（08）.

二、黄金六步骤法

在希尔博士的《心理创富法》一书中，首次揭示出六个自我激励“黄金”步骤：

1. 确定具体目标

你要在心里，确定想达成的具体目标，目标越具体越好。散漫地说“我需要很多很多钱”“我想要成为一名成功人士”是不行的！你必须确定需要钱的具体数额、具体想成为什么样的成功人士。

2. 确定付出

确确实实地知晓你要付出多少劳动、代价才可以达成你所说的目标——世界上没有不劳而获的事。任何事情都需要去努力付出，用正确的方法，去做正确的事。一点点地进步，循序渐进，集中精力，心中没有杂念，坚持到底。不要光想回报，努力和付出肯定有回报，即使没有，也不要灰心，因为路还很长。

3. 确定日期

你知道未来应该走这条路，可是走着走着就会陷入迷茫区。这是因为你只知道大的方向，而对具体做什么却没有时间规划。或者有时间规划，可是随着接触得越来越多、学得越来越多，忘了该怎么走下去。所以，规定一个固定日期，一定要在此日期之前把你目标实现——没有时间表，你的船永远不会“泊岸”。

4. 立即行动

立即行动是指拟定一个实现目标的可行性计划，并马上进行。要习惯“行动”，一方面不能总停留在“空想”，另外一方面也不要等到条件都完美了才开始行动，因为这样你很有可能永远都不会开始。现实世界中没有完美的开始时间，你必须在问题出现的时候就行动起来并把它们处理好。

5. 白纸黑字

将以上四点清楚地写下——不可以单靠记忆，一定要落实于白纸黑字。无论一个人的记忆力有多好，众多的信息仅靠大脑的记忆储存是远远不够的，必须用适当的方式记录下来，才能延长对信息的保存。

6. 坚持朗读

不妨每天两次，大声朗读你写下的计划内容。一次在晚上就寝前，另一次在早上起床后——当你朗读时，你必须看到、感觉到和深信你已经实现了这个目标！

从以上的内容看来，黄金六步法的每一个步骤都很简单，我们可能会怀疑它是否能达到自我激励的目的。在希尔博士的书里，已经做了解释，他说：“对于没有经过严格的心灵锻炼的人来说，以上六个步骤是行不通的……请你先记住，将这些步骤传下来的人不是没有完善意识和创富勇气的平庸之辈，而是世界上经济和政治领域中颇为成功的一些杰出人物。”

事实也的确如此。大道至简，大道自然。真正的道理，不在于它有华丽的外表，不在于玄奥的思想，而是它用极简的文字，就说明问题。生活中，大多数人不能有所成就，归根结底，就是因为在明白道理之后，往往不能坚持去做，常常是半途而废。因此，要用持之以恒去践行黄金六步骤法。

三、其他常见的方法

1. 离开舒适区

挑战永远是激励自己的“特效药”。时刻警醒自己，不能长时间安于舒适区的温暖。舒适区里的短暂“温暖”会使我们逐渐丧失斗志，离开舒适区则会让这份“温暖”成为我们面对下一次挑战的元气和勇气。

2. 把握好情绪

开心是我们不断获得新动力和力量的源泉。开心时，多巴胺等激素增多，人的心情会变得愉悦和快乐，进而使我们学习和工作的效率有所提高。因此我们不必在自身之外寻求快乐，开心快乐的事情就发生在我们身上。把控好情绪，找到情绪高涨期，以此不断激励自己。

3. 调高目标

宏伟且具体的目标是更高成就的“风向标”。太小的或者模糊不清的目标，会让我们在前进的路上原地打转，失去动力。只有主要目标能不断地激发我们的想象力，我们才能朝着主要目标越走越近。因此，我们应当树立一个宏伟且具体的目标，时刻激发我们昂扬的斗志。

4. 加强紧迫感

“紧迫感”是驱使我们不断向前的“引擎”。20世纪阿耐斯曾说：“沉溺于生活的人没有死的恐惧。”的确，沉溺于生活的人很少会将生命中的大事提上日程，往往总是以以后的日子还很长为借口，安逸了平静祥和，少了紧迫感，少了冲劲儿。如果我们总是将筹划的大事同明天捆绑在一起，少了立刻执行的紧迫感，那就无异于将那些大事同遥遥无期捆绑在一起。如果我们能把每一天都当作完成大事的最后一天，为自己的慵懒画上这一根红线，这份紧迫感带来的动力和灵感会让做事变得事半功倍。同时，完成大事之后的成就感会是前所未有的。

5. 撇开“坏朋友”

“坏朋友”会成为你成功路上的绊脚石。在我们树立正确、宏伟的目标之后，如果有一些“朋友”要以世俗功利的理由让你放弃追逐你的目标，那你便可以大大方方地远离他们，我们允许他们的存在，但决不允许自己与他们为伍。我们只能以他们为镜，以正己身，以阔己路。那些真正的朋友会在精神或者物质上支持你的追逐，他们真诚地希望你能成功地实现。快乐和目标，他们才是我们需要认真结交的朋友。

6. 迎接恐惧

恐惧是锻炼我们的“强力锤”。古人云:“玉不琢不成器。”人也是一样,我们也需要经过锤炼、锻造,而恐惧就是锻炼我们的“强力锤”。面对恐惧,我们需要正视它、直视它、迎接他、了解它、进而一步一步击破它！如果我们选择一味地后退,那我们将会被它逼退到悬崖边上,更可怕的是,一路退来,我们没有具备悬崖勒马的能力,只能选择最坏的路。所以,我们要迎接恐惧,增强我们的创造力,提高我们的心理抗打击能力。经过锤炼后的我们,必将在安全感的辅助下,最终迈向成功。

7. 做好调整计划

合理的计划是实现目标的“宽广大道”。成功的道路可能会很狭窄、坎坷、曲折。究其原因,可能是我们并没有合理地利用资源做出合理计划。在我们筹划一件大事的时候,我们要以长远的目光来做出计划。以小目标推动大目标,用小步子积攒大步子。这样更方便我们整合资源,更有利于我们调控时间。同时,我们也要劳逸结合,在每达成一个小目标后,要适当地停下来,整理收获,整理心情,以应对更加严峻的考验。当我们在达到目标顶峰时,要留出足够多的时间让自己沉淀,让这份沉淀促成更加宏伟的目标。

8. 直面困难

困难是“山巅”也是“深渊”。困难是我们每个人都需要经历的。当我们直面它时,它就是一座山巅。我们不断向上攀爬,我们直面困难,当我们战胜它时,我们就能体会到“会当凌绝顶,一览众山小”的雄伟壮丽;当我们选择逃避时,它就是一片深渊,我们没有勇气去直面它,只是静静地看着它,不做任何行动,最终免不了坠入深渊,无法脱离。只有直面困难,克服困难时,我们才能获得更加强悍的动力,最终问鼎目标;如果选择避而远之,那我们将无法抓住困难背后的机遇,只能坠入深渊。

9. 良好的感觉

良好的感觉是人生的“增甜剂”。拥有良好的感觉是我们在塑造自我过程中必须常常要做到的。这区别于我们日常调侃时说的“自我感觉良好”,这是我们获得实质性欢乐的前提,良好的感觉所带来的愉悦和舒畅会让我们对自己当下的状态有一个更加清楚的认识。拥有良好的感觉,为自己已经取得的成就而高兴,也为自己还有目标去奋斗而高兴。

10. 加强排练

“排演”是成功的预演。如果你手上有一抔泥土,那就去栽种一株鲜花吧,不用犹豫,排演一下你拥抱万紫千红;如果你手上一捧水,那就去养一条鱼吧,不用犹豫,排演一下你孕育鱼虾成群;如果你脚下有一段路,那就去迈出第一步吧,不用犹豫,排演一下你走遍山川河流;如果你心中有一个小梦想,那就去尽力实现吧,不用犹豫,排演一下你获得雷鸣掌声。

11. 脚踏实地

脚踏实地是成功的保障。如果说“仰望星空”是成功前提,那么“脚踏实地”便是成功的保障。美国作家朗费罗说:“不要老叹息过去,它是不再回来的;要明智地改善现在。”我们不能沉浸于过去的得失,不能恐惧于未来的未知,我们要在保证成功前提的情况下,凝聚宝贵的时间于当下,以绝对的执行力去实践当下,把握机会。

12. 敢于竞争

竞争是人生经验的“泉眼”。竞争是时时刻刻存在于我们生活中的,没了竞争,人生便少了欢乐和沉淀。与他人竞争,我们可以收获胜利的喜悦和失败的感悟。人外有人天外有天,我不会是最高的山峰,你也不会是最壮阔的海洋。当我要比昨天更高一寸,你也要比昨天更广一分。所以,我们要学会与自己竞争。

13. 内省

内省是自我认知的“秘密武器”。我们平常认识自我的方式主要分为“主观自我认知”和“客观自我认知”。通过他人或者社会规则对自己的言行做出评价和考量的方式归类于客观自我认知,这种方式存在较大欺骗性,他人的赞美或者批判或多或少掺杂着他们的个人情感,比较容易造成自己的认知偏差。而内省作为“主观自我认知”的绝佳方式,它则是自我反馈的直观反映。我们应当从自己的身上找自己,对照上次的内省结果,将一段时间内的自我塑造成果做总结。进而达到正确认识自我,不断完善自我人格的效果。

14. 走向危机

危机是潜力的“发掘者”。危机往往是一把双刃剑,既能让你身负重伤,也能让你身披荣光。危机中爆发出来的潜力使得我们有了面对挑战的资本。我们要走向危机,抓住危机带来的机遇,让危机变为转机。生活中不可能都是风平浪静,偶尔的惊涛骇浪会让我们得到探寻海底宝藏的机会。我们不断丰富自我,做好迎接危机的准备,做好战胜危机的准备。

15. 精工细笔

精工细笔让你的人生画卷绚烂多姿。不用怕我们在细细描绘自己人生的时候,别人一步千里,专注于细微的人会有最踏实的收获。人生画卷的图幅虽然很大,但是我们要有足够的耐心,将每一笔都落到它该落的地方去,因为每一笔对于我们都至关重要。

16. 敢于犯错

错误是来之不易的成功。我们不拒绝错误,因为它总是能惊醒我们,让我们从更加正确的方向去思考。在确保自己有足够的精力和实力之后,我们要勇于犯错,就算走完错误的七条大道,最后一条正确的大道总能让我们通向罗马!

17. 不要害怕被拒绝

被拒绝是创新的开始!“不!”“不行!”“我不同意!”诸如此类的拒绝话语在生活中很是常见,面对此类话语我们要做到摆正心态,不要害怕被拒绝。别人拒绝了我们,我们便要开创出一片新的天地,用他们的拒绝鞭策自己寻找到新的出路,让创造力最大化地被激发。

18. 尽量放松

适当放松是补充精力的“良方”。面对挑战时，我们总是保持高强度的活跃思维，但是当我们适当放松下来时，神经系统的平和使得精力不断被补充。当精力和思维平衡到某一水平时，我就会知道自己有了足够的勇气去处理当下的难题，面对当下的挑战。

19. 水滴石穿

“小事”是塑造自我的基石。“冰冻三尺非一日之寒，滴水石穿非一日之功”，小事的汇聚总能成就不凡。量变积攒的质变，是一个循序渐进的过程，即刻就做好每一件小事，循序渐进地让人生变得多姿多彩，变得有滋有味！

第四节　逆商——在挫折中茁壮成长

逆商属于情商，是情商中自我激励的能力。有人把智商、情商、逆商组成三角形，作为情感智力的三个部分。一个人的逆商高不高，很多时候是由其情商与智商决定的。情商与智商高，逆商就像走平路一样，能很顺利地达到顶点。心理学家认为，一个人事业成功必须具备高智商、高情商、高逆商这三个因素。在智商和情商都相差不大的情况下，逆商对一个人的事业成功起着决定性的作用。

一、逆商的定义

逆商，即逆境商数（Adversity Quotient，AQ），最早由加拿大保罗•斯托尔茨（Paul Stoltz）博士提出，用来衡量人们在困难情境下的反应习惯、反应思维及反应能力，并将其称为应对智力。❶

“逆商”决定了我们摔倒后能否爬起来。人生之路难免会有沟沟坎坎，有些人跌倒了能立刻爬起来，有些人则一蹶不振，两者之间差的就是“逆商”。澳大利亚人尼克•胡哲（Nick Vujicic），出生时患有海豹肢症，没有四肢。上小学时，因身体残疾，他举步维艰。后来在家人和朋友的帮助下，他凭借着非凡的毅力，学业有成，不仅摆脱了心理上的阴影，还成为全球闻名的励志演讲家。

“逆商”也决定了我们能走多远。国防大学教授金一南说：“做难事必有所得。”无数事实证明，要想成就一番事业，必定要“苦其心志，劳其筋骨，饿其体肤”。年轻人更要主动去吃苦，敢啃“硬骨头”，敢接“烫手山芋”。吃苦是被动还是主动，“苦”吃下去能不能

❶ 牛玉坤 . 逆商、社会支持与高中生学业成绩的关系 [D]. 河南大学，2016.

被消化，是以苦为乐、苦中作乐，还是滋生出畏难情绪，根本上取决于“逆商”的高低。

二、逆商的要素

保罗•斯托尔茨博士认为逆商由控制、归因、延伸和忍耐四个因素构成。

控制是指个体对自己是否能够控制逆境的主观判断。通俗点讲就是，这件事情我能不能掌控？面对困境，控制感弱的人不相信自己的能力，因而难以有所作为；控制感强的人因为更加相信自己的能力与水平，因而会针对逆境采取更加积极的措施。

归因是指个体认为产生逆境的原因是来自于自己还是外部他人，同时包括是自己还是外部客观环境该为逆境的出现负责。通俗地讲就是，这件事情责任在谁？归因分为内部归因与外部归因。内部归因是指个体认为是由于自己的内部原因而遭遇困境。外部归因是指个体认为困境产生的原因来自外部的不可控因素。

延伸是指个体对逆境对于个体生活影响范围的估计。通俗地讲就是，这件事会对我的生活产生多大的影响？一般情况下，个体逆商越高，越不容易把逆境的范围扩散，越觉得自己有能力处理，因而会减少其消极影响；而逆商低的人，逆境的消极影响范围则会从孤立的事件中扩散开来，影响到生活的各个方面。

忍耐是指个体主观认为困境的影响时间与持续性。通俗地讲就是，这个糟糕的事情会持续多久？逆商低的人，容易迷失在困难情境中，认为困境没有尽头，并因此悲观失望，失去应对困境的动力。而逆商高的人则与之相反，认为逆境只是暂时的，因而会更加积极地处理，也能更加冷静理智地看待当下的问题。

不同的个体在困境面前表现不一。观察个体承受逆境的方式和克服逆境的能力，能够在一定程度上预测个体在遇到困难时是选择放弃还是努力想办法，是战胜逆境还是被逆境击垮。逆商高的人能积极主动地利用有利因素，面对逆境时相信自己、积极应对；而逆商低的人面对困境时容易悲观失望，失去信心，最终可能失去最佳机会，进而被逆境打败。

三、逆商的表现特点

生活中总会有顺境，也难免会遇到一些逆境，逆商水平的高低直接影响一个人应对逆境的能力。有的人畏惧、害怕、自暴自弃，逃避困难，停留在自己的舒适圈里；而有的人则不畏艰险，采取行动，克服困难，勇于开辟新天地。[1]

第一，逆商低的人主要有两个显著的特点，一是遇到问题容易表现出一蹶不振，二是容

[1] 杨玉仁 . 当代大学生逆商教育研究 [D]. 兰州财经大学，2019.

易发脾气。遇到困难时，他们因为承受能力不足，经常会怨天尤人，甚至会因为客观因素不可控而怒不可遏。低逆商者自控能力较差，做事易半途而废，动不动就闹情绪，导致情况越来越糟，陷入恶性循环中。一些逆商低的人容易患上抑郁、焦虑等心理疾病，甚至做出冲动的事情，走向不归路。

第二，逆商高的人往往有以下一些特点：(1)积极的信念。无论身处顺境还是逆境，都对将来抱有期望，并敢于去探索。(2)情绪调节力强。拥有较强的情绪控制力，游刃有余地驾驭自己的情绪，不被情绪左右。(3)解决问题思路清晰。能够在复杂的环境中快速分析出事件的因果关系，及时找到解决问题的应对之策。(4)正确看待挫折。能辩证看待挫折与挑战，能从逆境中寻找积极因素，合理转化危机。(5)灵活变通。能够认清自己所处的环境，在坚持自己底线和原则的基础上，懂得如何变通，不固执己见，努力寻求更多的可能。

总之，高逆商的人通常会通过自己的努力提升情商与智商，并能保持头脑冷静，积极应对困难与挑战；低逆商的人总是被情绪左右，被难题击退，最后变得一事无成。

四、提升大学生逆商的必要性

在现代化的进程中，我国的经济、科技迅猛发展，人们的物质生活和精神生活都发生了翻天覆地的变化。经济全球化、信息网络化的快速发展，让正处在价值观形成的重要阶段、辨别力较弱的大学生们更容易迷失自我，受到消极影响。一部分大学生会出现紧张、焦虑等不良情绪，无力抵抗时，甚至走向极端。[1] 究其原因，其中很重要的一个就是这些学生的逆商较低，因此提升当代大学生的逆商势在必行。

(一)大学生的学业就业压力大

在高中时，学生仍十分向往大学生活，认为大学的一切都是非常自由的、美好的，能够做自己想做的事情，没有任何约束与压力。来到大学以后，他们才发现大学生活并没有想象中那么轻松愉快。时间和空间上的自由不仅没有带来想要的快乐，却带来了迷茫与焦虑不安。想要在学业中脱颖而出，却发现周围优秀的人数不胜数，各种对比带来的竞争压力日益累积，让人渐渐丧失了斗志。父母的期望与现实的差距、激烈的社会竞争和严峻的就业形势让大学生备感压力，经常出现空虚、焦虑、抑郁等不良情绪反应。就业市场上，用人单位担心大学生到单位以后稍有不适就马上换工作，普遍要求应届毕业生具有较高的“抗压能力”。这使得“抗压能力”几乎成了和“敬业”一样频繁使用的词汇。大学生普遍存在自控力和行动力下降的问题，不能很好地匹配用人单位的实际需求，这不得不让人感到担忧。

[1] 侯文兰，王静．当代大学生提升逆商的必要性和方法探究 [J]. 文化学刊，2016,(07).

俗话说:“不怕嫁错郎,就怕选错行。”择业对于一个人的发展影响重大。美国心理学家艾瑞克•弗洛姆(Erich Fromm)说过:“择业是一种使人焦虑痛苦,剥夺人的安全感的自由,一种促使人想要逃避的自由,因为你必须选择,无人能代替你的选择,且需由你对选择的后果负责。”大学生面对着如此巨大的学业和就业压力,如果得不到良好的心理疏导,将导致严重的后果。因此,应不断加强对大学生逆商的培养,使他们以更加主动有为的姿态迎接就业挑战。

(二)抗压抗打击能力弱

一个人想要取得成功,必须经历磨难,因为磨难能使人增长才干。正如《孟子•告子下》所说:“天将降大任于斯人也,必先苦其心志,劳其筋骨,饿其体肤,空乏其身,行拂乱其所为。”很多人之所以成功不是因为经历的逆境少,相反是在多重的逆境当中磨炼出来的。当今大学生在和平年代长大,物质极大丰富,受到家庭和社会的关爱较多,成长的路基本平顺,没有经历过多的困难。这样的顺境逐渐滋生出很多问题,如独立性差、抗压抗打击能力弱等。进入大学以后,需要独自一人去面对生活的各种磨难,如适应性问题、人际关系、恋爱问题等,逆商低的大学生将显得手足无措。

一些大学生社会阅历浅,抗压抗打击能力较弱。有点小成就就容易骄傲自满,把自己的注意力放在小成就上;遇到一点挫折就心灰意冷,产生强烈的挫败感。正如新闻报道中的那些大学生们,因学习不得其法而自怨自艾、因恋爱受挫而选择跳楼自杀、因择业不理想选择在家啃老等,深入探讨就会发现逆商低是导致这些不良行为的重要原因之一。

五、提升大学生逆商的方法

高逆商可以使人们拥有较高的生产创造力,帮助人们保持健康、快乐的心情,最终取得不菲的成绩。高逆商是一种能力,既可以从小培养,也可以在成长过程中练习、历练、转变。[1]

(一)正确看待失败

对待失败要有正确的态度,正所谓人生不如意事十之八九,人生遇逆境是常态。事物的发展是曲折的,评价成功与否不必拘泥于当前的得失,更不必把一时未达到既定目标简单定义为失败。“将来实际上存在于现在之中”,失误后能够反思错误,吸取教训,总结经验,把失败、挫折和成功都视为事物发展链条中的一环,就能使自己从沮丧、烦恼等负面情绪之中尽快解脱、轻装上阵。

---

[1] 江源 . 高校思政教育中提高大学生逆商的举措 [J]. 教育现代化,2015,(15).

成功令人喜悦，顺境令人安逸，不过任何事情都有两面性，久处顺境，易生骄奢淫逸和惰性。挫折和逆境给人的成长制造困难，令人产生消极情绪，然而却能激发人的无限潜能，促使他们奋发向上。对挫折的耐受力固然与个人先天素质有关，但更多的是后天环境造就的，也是可以通过逆境磨炼而提高的。提高逆商的本质就是提升挫折耐受力和心理抗击打能力。据心理学家研究，逆境给人们带来的压力感大小，取决于主体对挫折和失败的看法与态度，它是相对值而不是绝对值。法国文豪巴尔扎克为了实现自己的文学创作梦想而拒绝当律师，甘愿终身承受巨额债务的压力，凭借自己的坚毅和才能铸就文学丰碑《人间喜剧》。俄国文豪高尔基出身贫寒，历尽艰辛，却说："生活的情况越困难，我越感到自己更坚强，甚而更聪明。"美国汽车业大王艾柯卡与逆境和命运抗争，从一个默默无闻的推销员跃居全美第三大汽车公司的总裁，其间几经沉浮，可谓道路曲折崎岖。

逆境对人才成长的确有诸多不利，然而如培根所说："奇迹多是在厄运中出现的。"有犀利眼光和创新意识的智者，总能打破常规，在危机中力挽狂澜，找到转危为安的对策。逆境锻造了成功者坚毅的人格，激发了拼搏的斗志，玉成大业。因此我们完全可以说，逆境是高逆商者人生的宝贵财富。

（二）学会自我激励

逆商培养的重要方式之一是学会在低谷期进行自我激励。逆商的最高境界是走出逆境，而这与逆境中的自我认知及其自我期望值密切相关。很多时候，我们失败的原因不是因为自身能力不足，而是被困难吓倒，缺少再努力一次的勇气。学会自我激励是提升逆商的关键。失败之后，放下失落与难过，依然肯定自己曾做过的努力，激励自己，相信自己的潜力，想想自己还能做些什么，采取积极的行动才是智者所为。真正懂得自我激励的人，能用积极的心态解决问题。

养成以下思维习惯有助于形成积极的自我激励：(1)遇事由抱怨不休变为积极动脑筋、想办法。碰到不如意的情况，逆商低的人多会为自己的不努力找借口，抱怨过后，不但情绪没有缓解，而且问题仍然没有得到解决。逆商高的人遇到问题通常会冷静地思考解决办法。(2)先看积极面，再看消极面。问题发生时，逆商高的人是在问题中找积极因素，并把问题向好的方向转化。美国人的思维习惯就是，当想要批评你的缺点、不足的时候，他总是先赞扬你的优点。这就是他们已经在无意识状态下对人进行逆商训练。我们也应该借鉴学习这种行为方式。(3)变不利条件为有利条件。将当下的不幸变成日后的"幸亏"。要知道一时的输赢并不能决定你的一生。塞翁失马，焉知非福，发生不利事情时要看到事情积极的一面，保持乐观，才使我们变得成熟。

大学生对逆境要有全面和客观的认识，从而建立在逆境中的自信心。只要努力做，就会看到希望，看到转机，不正视问题，不迈开脚步，只会陷入更深的绝望。所以，身处逆境时，要常常激励自己，多寻找可控要素，迅速将失控的局面变得可控。

（三）运用 LEAD 工具

LEAD 主要是由四个英文首字母缩写而成，主要指：Listen（倾听）、Explore（探究）、Analyze（分析）、Do（做事）。

1. 倾听自己对逆境的反应

这是提升逆商重要的一步，因为很多人在逆境中不喜欢倾听自己内心的声音。先要具备“觉察力”，当逆境降临时才能快速反应，提醒自己“逆境来了”。再通过逆境四要素的四个方面询问自己：这件事情我能不能掌控？这件事情责任在谁？这件事会对我的生活产生多大的影响？这件事情会持续多长时间？最后，我们会发现这件事情其实谁都可能会遇到，并没有想象中那么糟糕。

2. 探究自己对结果的担当

询问自己应该对结果的哪部分承担责任。很多事情的发生，并不是你一个人的责任，而是由多种主客观原因促成，这需要我们客观分析。过分地自责或者推脱责任会导致我们失去对逆境的掌控感。只有主动面对逆境，我们才会主动去思考，并想办法采取行动，找回掌控感，从逆境中走出来。

3. 分析证据

有些人一遇到问题，立刻就说“完了完了”，急着否定自己。当你询问原因时，他又答不上来。分析证据就是要求我们寻找证据来证明自己已经失去掌控力，通常都会拿不出准确的数据，通过这样的分析让我们知道自己的境况并没有那么差。其实很多事情都没有我们想象得那么糟糕，逆境也不可能一直持续下去。努力回忆你看到或听到过的一些类似经历的人，想想他们是如何应对困境的。这将激发我们的勇气，促使我们尽快找回掌控力。

4. 做点事情

“想都是问题，做才有答案”，问题若总是停留在思考层面，终将不能得以解决。遇到逆境，要做点事情，才能找回掌控感。我们可以将需要做的事情罗列出来，挑选出实施的顺序，制订具体的时间计划，并采取行动。

（四）在实践中培养逆商

实践出真知，说一千道一万不如行动一次。大学校园里有学生会和许多社团组织，可以根据兴趣爱好加入，并积极主动参与各种逆商训练活动。例如，通过参加体育运动磨炼自己的意志，使自己养成自我调适身心的习惯；通过勤工俭学，体验挣钱的艰辛；通过大学生夏令营，体验艰苦；还可以利用青年志愿者助残、扶贫活动，去感受他人面对逆境的心态和智慧，从而提高自己的挫折容忍度和逆境承受力。实践决定认识，认识对实践同样具有反作用。

任何事情首先要敢做，在做的过程中才会发现问题和不足，适时调整心态和办法，相信总有一扇窗会为你敞开。

本章小结

自我激励是指个体不需要外界奖励和惩罚作为激励手段，能为设定的目标自我努力的一种心理特征。自我激励在个人走向成功中起着引擎作用。良好的自我激励能力是高情商的表现之一。善于自我激励的人，可以发挥出自身的最大潜能，把一些看似不可能的事情变成现实。自我激励的发生和运作机制包括三个过程，即认知评价、情绪唤醒和自觉行为。个体以目标为导向，通过对目标大小、自我能力和素质的评估，同时对达成目标过程中可能经历的困难、自身可利用的外界条件以及它们之间的关系进行评估，自觉付诸实践，适时唤起积极的情绪，保持振奋的行为，不断克服困难和消极情绪，以达到最终目标。自我激励性人格是可以后天培养的，坚定信念激励法、“黄金六步骤”法等都是常见的自我激励方法。逆商是指人们面对逆境的时候所采取的反应方式，即面对挫折、摆脱困境和超越困难的能力。在当今激烈竞争的社会，优胜劣汰，若要取得一番成就，不仅取决于人的智商、情商，在一定程度上也有赖于人的逆商。通过追寻生命的意义、正确看待失败、学会自我激励，在实践中逐步培养逆商。其中，学会在低谷期进行自我激励是培养逆商的重要方式。

复习思考题

1. 什么是自我激励？自我激励的作用是什么？
2. 你能回忆起自我激励的方法有哪些吗？
3. 情商与自我激励的关系是什么？
4. 自我激励的机制是什么？
5. 当你处于逆境时，你是怎么做的呢？本章对于你有什么启发？

第四章
人际关系

美国著名人际关系学大师戴尔·卡耐基认为:“一个人的成功,只有15%是由于他的专业技术,而85%则靠人际关系和他做人的处世能力。”这说明人际关系在我们立身处世中有着不可估量的地位。我们想象一下威廉·詹姆斯在《心理学原理》(1890)中写到的情景:“如果可行,对一个人最残忍的惩罚莫过如此:给他自由,让他在社会上逍遥,却又视之如无物,完全不给他丝毫的关注。当他出现时,其他的人甚至都不愿稍稍侧身示意;当他讲话时,无人回应,也无人在意他的任何举止。如果我们周围每一个人见到我们时都视若无睹,根本就忽略我们的存在,要不了多久,我们心里就会充满愤怒,我们就能感觉到一种强烈而又莫名的绝望。❶”德国学者斯普兰格说:“在人的一生当中,再也没有像青年时期那样强烈地期望被理解的愿望。没有任何人像青年那样渴望着被人接纳和得到理解。”可见,人际关系对于大学生的重要性毋庸置疑。日常生活中,大学生在与家人、教师、同学、老乡、网友交往和互动中往往体现着他们的人际关系水平和情商表达效果。那么,如何才能在生活和工作中拥有和谐的人际关系?本章主要围绕人际关系概述、人际关系心理学阐释、人际交往中的基本关系、人际关系中情商表达的四个方面,呈现人际关系中的情商。

第一节　人际关系概述

20世纪初,“人际关系”由美国人事管理协会率先提出。1933年,美国哈佛大学工商管理研究院工业研究室副主任梅奥教授在《工业文明的人性问题》中提出人际关系学说。因此,梅奥教授被世界公认为人际关系学创始人。

一、人际关系的定义

关于人际关系的定义仁者见仁,智者见智。周朝霞认为:“人际关系是以交往的媒介所发生的人与人之间的相互关系,既是一种物质关系,也是一种精神关系,更大程度上是一种心理的关系和距离。❷”人际关系中的陌生、熟悉、远近、喜欢或厌恶直接影响着人际关系的程度、范围和质量。人际关系问题既简单又复杂,既容易认识又难以把握。但我们从不同学科的研究结果视角,可以更好地认识人际关系的定义。

---

❶ [美]威廉·詹姆斯.心理学原理[M].北京:北京大学出版社,2012.

❷ 周朝霞.人际关系与公共礼仪[M].杭州:浙江大学出版社,2004:4.

从传播学角度而言，人际关系是一种以传播为手段，并通过传播努力实现彼此双方利益需求的相互关系。比如，初次见面递上自己的名片，建立一种合情合理的人际关系。

从社会学角度而言，人际关系是一种社会关系，是指人们在生产或生活过程中所建立的一种关系。比如，人与人相见握手，人与人相谈甚欢等。人际关系与心理因素、文化因素、道德因素、制度因素等密切相关。积极、合理、健康的人际关系，正是建立在社会规范和个体合理定位基础上的社会关系。

从心理学角度而言，人际关系是一种心理联系，是指人与人在交往中建立的心理上的联系。包括亲属关系、朋友关系、同学关系、师生关系、雇佣关系、战友关系、同事关系及领导与被领导关系。个性心理的差异以及不同的心理因素，会导致人们在与他人交往时做出不同的反应，采取不同的态度。

从文化学角度而言，人际关系就是一个群体逐渐形成的相对稳定的价值观和行为特点。不同的文化，形成不同的人际行为特征，产生不同的交际文化和人际关系。不同文化群体的不同思维方式、价值观念、民族心理、礼俗传统和审美趣味，最终会在人际交往中体现出来。

基于此，我们能够得出如下结论：第一，人际关系的主体是社会中的“人”。第二，人际关系主体不可避免地要与他人进行物质和精神的交往和沟通，体现人的本质、人的本性。第三，人际关系的变化与发展与人际交往双方各自从对方获得的需要满足程度相关，比如相互满足程度较高，则人际关系较亲密；反之较疏远。第四，人际关系不是一成不变的，会随着政治因素、政策因素、文化因素、经济因素、道德因素、风俗习惯等变化而表达出亲密、疏远、友好、仇视等行为态度的变化。第五，人际关系交往层次错综复杂、交往内容丰富多彩、交往形式多种多样，表达方式林林总总。

二、人际关系的影响因素

人际关系因其在传播学、社会学、心理学、文化学方面的差异，衍生出影响人际关系因素具有多元性，导致了人际关系的密切程度、亲疏程度。根据对已有文献的研究，结合人际关系实际，人际关系的影响因素主要有以下几个方面：

第一，情感态度影响着人际关系。人际交往中，人与人之间若对某种理想、信念或事物有相同的情感态度，他们之间的人际关系将更为密切，容易产生共鸣。正如常言道：“物以类聚，人以群分。”在 2020 年抗击新冠肺炎疫情中，54 万名医务人员同病毒短兵相接，346 支国家医疗队、4 万多名医务人员奔赴前线，400 多万名社区工作者在全国 65 个城乡社区日夜值守，180 万名环卫工人起早贪黑，全国上下团结一心，形成“武汉必胜、湖北必胜、全国必胜”的共同信念。医护人员、社区工作人员之间的关系更加和谐，形成了“共同抗疫”革命般的友谊。我们也会发现媒体上报道“河南科技大学食品与生物工程学院 5 个宿舍的 30 名同学全部考取研究生”，其中“乾园 2-620 宿舍 6 名同学统一作息时间、约法三章、团体作战，营造良好的考研氛围，最终全部考上研究生”。因此，情感态度的相似性更易建立良好的人际关系，更易实现人生目标。

第二，性格影响人际关系。性格是指“个人对现实的态度和习惯化了的行为倾向。如善良、诚实、坚毅、害羞、大胆、乐观、忧郁、奸险、粗野、热情、内向等都是对一个人的性格特征的描述。❶”性格与社会生活内容的联系最密切，对人际交往的影响最强。美国《今日心理学》月刊曾举办过一项大规模调查，了解读者对益友的意见。经过对回收的 4 万份问卷进行统计发现，值得信赖（89%）、待人忠厚（88%）、热心且富感情（82%）、爱帮助人（76%）、诚恳坦率（75%）、有幽默感（72%）、肯花时间陪我（62%）、个性独立（61%）八项性格特质是大多数人选择益友的条件。❷ 性格随和的人更易于相处，更能处理好人际关系；而性格古怪的人不易与人相处。活泼健谈的人更愿意与人友好相处，寡言少语的人容易拒人千里之外。现实生活中，人们更倾向于与真诚、坦率、谦虚、谨慎、严于律己、尊重他人、乐于助人、宽以待人的人相处。

第三，交往频率影响着人际关系。生活中，彼此交往频率越高，接触次数越多，越容易形成密切的人际关系。人际交往中，人们往往通过增加交往次数，形成共同经验、共同话题和共同感受，以消除陌生感，缩短心理距离，促进双方关系。课堂教学中，主动回答问题的学生、主动提出问题的学生更易于被课堂主讲教师发现。课堂主讲教师也更倾向于与主动回答问题和主动提出问题的学生交流，继而建立良好的人际关系。

第四，地理距离影响着人际关系。已有研究表明，地理位置越近的两人越容易形成密切关系。“远亲不如近邻”说的就是这种人际关系情境。同宿舍舍友间、同班同学间、同校校友间、同村人之间、同一个部门工作人员之间，更容易形成密切关系。当然，我们也应该明白，地理距离并不是形成人际关系的决定性因素，只是影响人际关系的其中一种因素。

三、人际关系的功能

人际关系的功能是指人际关系在现实生活中对个人、组织和社会所显示出来的影响和作用。人际关系不仅能增强人与人之间的沟通，而且能认识自我和调节自我。

首先，人际关系能够认识自我。人的一生就是认识自我的过程。现实生活中，每一个人带着“我是谁”的问题不断完善对自己的评价。人际关系能够实现每个人认识自我的目的。比如，人际关系可以检验一个人的人品，总结自己的得失。在不同的人际关系圈，不同的人

---

❶ 黄希庭 . 心理学 [M]. 上海 : 上海世纪出版集团，上海教育出版社，2004:44.

❷ 杨丹 . 人际关系学 [M]. 武汉 : 武汉大学出版社，2010.

展现出不同的优势，也深化对不同人的认识。

其次，人际关系能够调节自我。人际关系能够调节自我心理。我国著名医学心理学家丁瓒教授认为：“人类心理的适应最主要的就是对于人际关系的适应，所以人类心理的病态主要是由人与人之间关系失调而来。”良好的人际关系能够增进人与人之间的感情，获得精神上的满足感，形成自信、信任、尊重、友爱、理解、乐观的心态。

第三，人际关系可以增进信息沟通。信息在人际关系中的有序流动将增加人与人之间的了解，增进人与人之间的感情。人际关系中的信息传播，不仅通过书面、会议等正式交流渠道传播，有些消息通过“单线式、集束式、偶然式和流言式”等非正式交流渠道传播。人际关系交往中，我们可以更好地吸纳、选择和运用信息，迅速、广泛而深入地进行交流、反馈，思想火花碰撞与共振，使各种知识相互融合、移植、增长，促进思想观念的更新以及知识结构和思维方式的不断调整与完善，继而交流思想，互通有无，取长补短，共同提升。因此，人与人之间的信息沟通影响着彼此的言行，也影响着对对方的评价，进而加深对自己的认识，影响自我的最终评价。

第四，人际关系可以形成合力。“团结就是力量”“人心齐，泰山移”“众人拾柴火焰高”都体现出人际关系形成集体合力后达到“1+1>2”效果。比如，在2020年新冠肺炎疫情防控阻击战主战场，19个省区市对口帮扶除武汉以外的16个市县，用10多天时间先后建成火神山医院和雷神山医院，取得武汉保卫战、湖北保卫战的决定性成果。

第五，人际关系影响着工作情绪和工作效率。研究表明，和谐的人际关系使人心情舒畅、精神振奋，产生积极的情绪体验。工作过程中，积极的情绪体验能够提高人的活动能力，提升工作效率；反之，人际关系不协调，心情郁闷，心理受压抑，就会产生消极的情绪体验，继而降低人的活动能力，降低工作效率。

四、大学生人际关系的特点

大学生刚经历完高考，身心发育逐渐成熟，远离父母亲戚，进入完全陌生的生活环境，独自与大学老师、同学、学生社团、校园环境相处，探索人际关系相处之道，积累与人相处经验，形成大学生独有的人际关系特点。

第一，较强的自我意识。自我意识是指一个人对自己与周围的现实关系的认识，并由此对自身的一切思想、行为与潜力所采取的自觉态度。自我意识包括自我认识、自我体验和自我调节。大学生处在自我认识的关键阶段，不断寻求“我是谁？”的答案，形成自我认同的人生观、价值观和世界观。在人际关系处理中，大学生自我意识较强，不愿意全盘接受家长和教师的言传身教，反而喜欢按照自己的思想设计自我，强调自我意识的主动性、积极性、实践性和建设性。心理学家柯里认为：“在人们的心理生活中，自尊和自卑的自我评价意识有很大作用。人们经常把自己看作有价值的、令人喜欢的、优越的、能干的人。而有些人看不到自己的价值，只看到自己的不足，否定自己，厌恶自己，产生自卑感。但是，有些人只看到自己比别人好，别人都比不上自己，就会产生盲目乐观情绪，自我欣赏，自以为是，不能处理好人际关系，还会遇到社会挫折，产生苦闷。❶”

第二，浓厚的情感心理。人际交往中，大学生十分注重情感心理的交流沟通，讲究“意气相投”，情感心理丰富。但因大学生情感不稳定，思想不成熟，社会化程度不足，一旦遇到困难或失意，容易用感情代替理智，容易急躁、冲动，自我控制力差，容易灰心丧气。人际交往中，大学生通常采用面部表情变化、声调转换和身体姿态变动传递情感信息得到对方的理解，向对方倾诉自己的理想，调节压抑的情绪，缓和心理压力。

第三，过度地张扬个性。大学生接受能力较强，理解能力较强，接收信息较快，能够迅速形成自己独到的见解。因此，张扬自己的个性也能够理解。另外，大学生注重自我个性的感受与认同，凸显自己的独立个性、利己行为和竞争性，拥有强烈的批判意识和批判精神。但如果过度张扬个性，可能会冲击传统的道德观念，造成思想和行动上的偏差，给自己带来负面影响。

第四，网络化交往方式。中国互联网络信息中心发布的《第 47 次中国互联网络发展状况统计报告》显示:“截至 2020 年 12 月，我国网民规模达 9.89 亿，互联网普及率达 70.4%，手机网民规模达 9.86 亿，20 ～ 29 岁网民占 17.8%，大学专科及以上网民占 19.8%。❷”网络化交往已成为大学生交流的主要方式。同时，大学生倾向使用微信、QQ 等工具交友交流，增长知识和见闻。网络化交往方式弥补了现实生活中的人际关系缺陷，一定程度上促进了大学生的学习，丰富了大学生的生活。但网络化的“虚拟性”也给大学生的人际交往造成不同程度上的障碍。

第五，理想化人际交往。尽管大学生具有独立性和自我意识，但毕竟心理尚未完全成熟，社会阅历较少，囿于家庭和交际圈对其人身产生限制，不能全面真实地了解人际关系全貌，容易形成不太理智的人际关系的思维定式，理想化色彩较浓厚。现实生活中，大学生对人际交往更倾向于理想化，既渴求人际交往但又不知道如何面对人际交往中遇到的挫折。

总之，正确处理好日常生活中的人际关系，是大学生的一门“必修课”。正确认识人际关系，掌握人际关系影响因素，意识到人际关系不仅能够增强人与人之间的沟通，而且能够认识自我和调节自我。同时，在把握大学生人际关系特点的基础上，以积极心态处理好人际关系，有利于大学生活得更自然、更愉快，更潇洒。

---

❶ 时蓉华 . 社会心理学 [M]. 上海：上海人民出版社，1986:253.

❷ 中国互联网络信息中心 . 第 47 次中国互联网络发展状况统计报告 [R].http://cnnic.cn/hlwfzyj/hlwxzbg/hlwtjbg/202102/P020210203334633480104.pdf.

第二节 人际关系的心理学阐释

“人际关系是人们在相互往来的过程中形成的心理关系。人际关系的好坏，可以用彼此间的心理距离来衡量。人际关系的变化和发展取决于彼此的需要从对方获得满足的程度。若彼此的需要都能从对方得到满足，则产生接近、信任的心理关系；反之，则产生疏远、回避甚至敌对的心理关系。”[1] 因此，本节将从心理学视角阐释人际关系中的心理距离和心理效应。

一、人际关系中的心理距离

在不同的活动范围中，人们因亲密程度不同而保持着不同的人际关系距离。正如前文所述，不同政治、不同民族、不同地域、不同文化构成人与人之间各异的时间和空间区域。例如，在讲英语的国家中，人们交谈时总喜欢保持自洽的空间距离，不喜欢离得太近；但在西班牙人与西班牙人，阿拉伯人与阿拉伯人交谈时则喜欢亲密一些，凑得近一些；与俄罗斯人与俄罗斯人交谈时的距离相比，意大利人与意大利人交谈时更为靠近，拉美人与拉美人交谈时几乎贴身。实际生活中，因地域民主文化的差异，这些都无可厚非，他们交谈时都只不过想要先占据对自己适当的、习惯的实际距离。

根据美国人类学、心理学的创始人霍尔（Edward T.Hall）博士的研究，如果将人际关系简化成两个人之间关系，以两人之间的距离为划分依据，按照两人接触程度可将人际关系划分为亲密距离、个人距离、社交距离、公众距离四种空间距离，并由此形成深度卷入、中度卷入、轻度卷入、表面接触、双向注意、单向注意、零接触七种类型。

人际关系中的空间距离及适用对象

类　别	适用对象	距离（m）	语　义
亲密距离	恋人、夫妻、密友	<0.45	亲密无间、爱抚、安慰
个人距离	朋友、同志、同事	0.45 ～ 0.75 ～ 1.2	亲切、友好、融洽
社交距离	外宾、谈判	1.2 ～ 2.1 ～ 3.6	庄严、严肃、认真
公众距离	演讲、报告、讲课	>3.6	公开、大度、开朗

亲密距离主要指情感的深度卷入或中度卷入。这是人际交往中的最小间隔或几无间隔，即我们常说的“亲密无间”。深度卷入的人际关系距离范围在 0.15 米之内，彼此间可能肌肤相触，耳鬓厮磨，以至相互能感受到对方的体温、气味和气息。中度卷入范围在 0.15 ～ 0.44 米之间，身体上的接触可能表现为挽臂执手，或促膝谈心，体现出亲密友好的人际关系。就交往情境而言，亲密距离属于私下情境，只限于在情感上高度密切联系的人之间使用，在社交场合，大庭广众之前，两个人（尤其是异性）如此贴近，就不太雅观。在同性之

[1] 黄希庭 . 心理学 [M]. 上海：上海世纪出版集团上海教育出版社，2004:365.

间，往往只限于贴心朋友，彼此十分熟识而随和，可以不拘小节，无话不谈。在异性之间，一般只限于夫妻和恋人。因此，在人际交往中，一个不属于亲密距离圈子内的人随意闯入这一空间，不管他的用心如何，都是不礼貌的，不仅会引起对方的反感，也会自讨没趣。

个人距离指轻度卷入或表面接触。这是人际间隔上稍有分寸感的距离，直接的身体接触较少。个人距离的范围为 0.46 ～ 0.76 米之间，正好能相互亲切握手，友好交谈，适用于熟人交往。任何朋友和熟人都可以自由地进入这个空间，不过，通常情况下，较为融洽的熟人之间交往时保持的距离更靠近远范围的近距离 0.76 米，而陌生人之间谈话则更靠近远范围的远距离 1.2 米。人际交往中，亲密距离与个人距离通常都是在非正式社交情境中使用，在正式社交场合则使用社交距离。

社交距离主要指表面接触或双向注意。这体现出一种社交性或礼节上的较正式关系。其距离范围在 1.2 ～ 2.1 米，一般的工作环境和社交聚会，人们都保持这种程度的距离。

公众距离主要指双向注意或单向注意。如公开演说时演讲者与听众所保持的距离。其距离范围为 3.7 米以上。这是一个几乎能容纳一切人的“门户开放”的空间，人们完全可以对处于空间的其他人“视而不见”，不予交往，因为相互之间未必发生联系。因此，这个空间的交往，大多是当众演讲之类，当演讲者试图与一个特定的听众谈话时，他必须走下讲台，使两个人的距离缩短为个人距离或社交距离，才能够实现有效沟通。

在人际交往过程中，人与人之间的距离本质上是一种感知的心理距离。心理距离远近决定着现实距离的远近，也决定着人与人接触的程度。参照相关研究结论，我们把人与人之间的心理距离维度划分为九个等级，即亲密无间（+4）、知心好友（+3）、主动交往（+2）、好感合作（+1）、互不干涉（0）、不满共处（−1）、情绪对立（−2）、冲突报复（−3）和不共戴天（−4）。❶我们可以根据这九个等级做一个小游戏“测一下你与对方的距离”。

二、人际关系中的心理效应

人际关系中，给人留下的印象影响着彼此的交往深度。正如戴尔•卡耐基所言：“良好的第一印象是人们登堂入室的门票。”

我们首先做一个测验，请填写《第一印象自评表》（共 12 题）❷，选择最适合的答案，答案无对错之分。

1. 当你第一次见到某个人，你的表情是：

A. 热情诚恳、自然大方

❶ 魏敏．管理心理学 [M]. 大连：东北财经大学出版社，2011.

❷ 武成莉，王淑敏．大学生人际关系心理学 [M]. 西安：西安电子科技大学出版社，2016:2-3.

B. 大大咧咧、漫不经心

C. 紧张局促、羞怯不安

2. 你与他人谈话时的坐姿是：

A. 两膝靠拢　　B. 两腿交叉　　C. 跷起"二郎腿"

3. 你选择的交谈话题是：

A. 两人都喜欢的话题　　B. 对方感兴趣的话题　　C. 自己热衷的话题

4. 与人初次见面，经过一番交谈后，你能对他（她）的谈吐举止、知识能力等方面做出积极、准确的评价吗？

A. 不能　　B. 很难说　　C. 能

5. 你说话时姿态是否丰富？

A. 偶尔做些手势　　B. 从不指手画脚　　C. 常用姿势补充言语表达

6. 若别人谈到了你兴味索然的话题，你将：

A. 打断别人，另起一题　　B. 显得沉默、忍耐　　C. 仍然认真听，从中寻找乐趣

7. 你是否在寒暄之后，很快就能找到双方共同感兴趣的话题？

A. 是的，对此我很敏锐

B. 我觉得这很难

C. 必须经过较长一段时间才能找到

8. 你和别人告别时，下次相会的时间和地点是由：

A. 对方提出　　B. 谁也没有提这事　　C. 你提出

9. 你讲话的速度：

A. 频率相当高　　B. 十分缓慢　　C. 节律适中

10. 你同他（她）谈话时，眼睛望着何处？

A. 直视对方眼睛　　B. 看着其他东西或人　　C. 盯着自己纽扣，不停玩弄

11. 会见时，你说话的音量总是：

A. 很低，别人听得较困难　　B. 柔和而低沉　　C. 声音高亢热情

12. 通常第一次教堂，你们分别占用的时间是：

A. 差不多　　B. 他多我少　　C. 我多他少

《第一印象自评表》计分标准如下表所示：

第一印象自评表计分标准

选项＼题号	1	2	3	4	5	6	7	8	9	10	11	12
A	5	5	3	1	3	1	5	3	1	5	3	3
B	1	1	5	3	5	3	1	1	3	1	5	5
C	3	3	1	5	1	5	3	5	5	3	1	1

结果解释如下：第一种情况，第一印象好（47 ～ 60 分）。你的适度、温和给人留下深刻印象。第二种情况，第一印象一般（23 ～ 46 分）。你的表现中存在着某些令人愉快的成分，但同时又偶尔有不够精彩之处，使得别人不会对你印象恶劣，却也不会产生很强的吸引力。第三种情况，第一印象差（12 ～ 22 分）。也许你会感到惊讶，很可能你只是依着自己的习惯行事而已。也许你本来是很愿意给别人留下一个美好印象的，但可能因为你的漫不经心、缺乏体贴，无形中让人做出关于你的错误的勾勒。

印象形成是通过对他人的言谈举止、仪表神情以及行为习惯等方面的知觉而实现的。比如，通过人的服饰和外貌能够判断男女；不断点头说明听者表示赞同等。有研究表明，5 秒以内就可以对人形成第一印象。第一印象严重影响人与人的交往程度。因此，为增进人际关系，我们需要正确认识人际关系中的心理效应。人际交往中，心理效应运用得好，将有效促进人际关系交往；运用不好，则会限制人际交往活动的进行。

第一，首因效应。我们常说“给人留下一个好印象”，一般就是指首因效应，也称为“最初效应”。它是人与人在第一次交往中给人留下的印象，在对方的头脑中形成并占据着主导地位的效应。《红楼梦》中大家耳熟能详的王熙凤一出场便给人留下深刻印象：“未见其人、先闻其声。”首因效应体现为“先入为主”且不容易更改的第一印象。因此，人际交往中，我们要注意穿衣打扮合适、语言表达得体、言谈举止自然大方等。在各种面试中，面试官打分较为重要的依据就是第一印象。因此，在交友、招聘、求职等社交活动中，我们可以利用这种效应，展示给人一种较好的形象，为以后的交流打下良好基础。另外，通过他人介绍、文字材料介绍等间接途径也会给人留下间接第一印象。当然，这在社交活动中只是一种暂时行为，更深层次的交往还需要每个人的硬件完备。这就需要不断加强在谈吐、举止、修养、礼节等各方面的素质，不然可能导致另一种效应即“近因效应”的负面影响。

第二，近因效应。指某人或某事的近期表现在头脑中占据优势，从而改变对该人或该事的一贯看法。该效应为最近或最后印象。最后留下的印象往往是最深刻的印象，也就是心理学上所阐释的后摄作用。比如，在每节课结束前，老师会对本次课所讲内容进行总结；多年不见的朋友，在自己脑海中印象最深的，其实是当初临别时的情景；一个朋友总让你生气，但谈起生气的原因，大概只能说上两、三条。首因效应与近因效应并非对立，而是一个问题的两个方面。大学生人际交往中，第一印象固然重要，后续印象也不可忽视。

一般而论，在对陌生人的认知中，首因效应比较明显；而对熟人的认知中，近因效应则略占优势。这就告诉我们，在与他人交往时，既要注意第一印象和最后印象，也要注意平时给对方留下的印象。利用近因效应，在与朋友分别时，给他良好的祝福，你的形象会在他的心中美好起来。

第三，光环效应。又称晕轮效应，属于心理学范畴，是一种以偏概全的认知上的偏误，指的是人际交往中，人们常从对方所具有的某个特性而泛化到其他有关的一系列特性上，从局部信息形成一个完整的印象，即根据最少量的情况对别人作出全面的结论。比如，“一好百好，一差百差”“情人眼里出西施”“爱屋及乌”“天下乌鸦一般黑”。光环效应实际上是个人主观推断的泛化和扩张的结果。在光环效应状态下，一个人的优点或缺点一旦变为光圈被扩大，其优点或缺点也就隐退到光的背后被视而不见了。大学生的人际交往中，光环效应也是一种常见的现象。例如，男女大学生会对外表吸引人的同学赋予较多的理想人格特征，常常为那些长相动人的同学设计美好的未来。情人在相恋时，很难看到对方的缺点，认为对方一切都是好的，做的事都是对的，就连别人认为的缺点，在对方看来也是情有可原的。光环效应有一定的负面影响，在这种心理作用下，很难分辨出好与坏、真与伪，容易被人利用。针对这种问题，我们要学会全面评价、也要客观对待别人的评价。

第四，投射效应。指在人际交往中，认知者形成对别人的印象时总是假设他人与自己有相同的倾向，即把自己的特性投射到其他人身上。所谓“以小人之心，度君子之腹”，反映的就是投射效应的一个侧面。一般说来，投射可分为两种类型：一种是指个人没有意识到自己具有某些特性，而把这些特性加到了他人身上。例如，一个对他人有敌意的同学，总感觉到对方对自己怀有仇恨，似乎对方的一举一动都有挑衅色彩。另一种是指个人意识到自己的某些不称心的特性，而把这些特性加到他人身上。例如，在考场上，想作弊的同学总认为别的同学也在作弊，倘若自己不作弊就吃亏了。值得注意的是，后一种投射往往会把自己某些不称心的特性，投射到自己尊敬、崇拜的人身上。

第五，定势效应。定势效应是指由于人们头脑中存在着某种想法，而影响对他人的认知和评价。在人际交往活动中，当我们认知他人时，常常会不自觉地产生一种有准备的心理状态（出现原有的某种想法），并由此出发，按照事物一定的外部联系进行认知和评价，于是就产生了定势效应。定势效应在某种条件下有助于我们对他人作概括的了解，但往往会让人看问题戴上“有色眼镜”，产生认知偏差。比如，有个富人戴了一条漂亮的项链，人们都说好看；后米，富人不带项链，人们说富人平易近人不显富。有个穷人也戴了一条项链，人们见了便说没有钱还装富；后来穷人不带项链了，人们又说他寒酸。总之，不管戴不戴项链，富人永远是好的，穷人永远是不好的。

第六，刻板效应。刻板效应是社会上对于某一类事物或人物的一种比较固定、概括而笼统的看法。在人际交往中，我们有时会把对某一类人物的整体看法强加到该类的每个个体上而忽视了个体特征。刻板效应会发生在各个不同的种族、民族、性别、职业、年龄、地域、毕业的学校等方面，如北方人豪爽，南方人精明、无商不奸；年轻人不稳重，老年人保守；知识分子文质彬彬；女性温柔娇小，男性强壮独立；女性爱哭细心，男性有泪不轻弹等。刻板效应是建立在一种不正确的意象及概念之上的，以此所得的认知结果会导致人际认知偏差。因此，我们要克服刻板效应的影响，打破固定化，客观准确地了解交往对象。

刻板效应有利于总体评价，但对个体评价会产生偏差。为避免尴尬，我们要有意识地观察和发现与刻板印象不一致的信息，克服刻板印象的负面影响而获得正确认识。

第三节　人际交往中的基本关系

社会生活中，人们的交往范围广泛、交往对象不同，形成的人际关系自然丰富多彩、纵横交错、千差万别。为把握人际关系变化和发展规律，必须了解人际交往中的基本关系。根据人际关系内容划分，人际关系包括经济关系、政治关系、道德关系、法律关系、宗教关系和伦理关系等。依据人生的发展阶段，结合人际关系联结的内在纽带划分，人际交往中的基本关系主要有血缘关系、友情关系、婚恋关系和职场关系。血缘关系是最为核心的人际关系，衍生出友情关系、婚恋关系和职场关系。

一、血缘关系

血缘关系是指以血缘为纽带而结成的关系，是人际关系的开始，被称为“人际第一关系”。一个孩子自从出生开始，血缘关系就此产生。血缘关系是个人无法选择的，是与生俱来的、无法切断且长久存在的关系。血缘关系的基础是血缘和情感，是人一生中交往频率最高，持续时间最长的一种关系。血缘关系对人的成长和发展影响很大。血缘关系主要包括三层血缘关系。

第一层血缘关系就是父母、兄弟姐妹。父母与孩子是骨肉关系。父母给孩子生命，成为孩子的支柱，形成了家庭。家庭是教育的根本。任何人学业和事业的成功离不开父母的支持，离不开良好的家庭教育。另外，兄弟姐妹也是血缘关系中的重要的人际关系。比如“孔融让梨”“打仗亲兄弟，上阵父子兵”等。第一层血缘关系是一个人立足社会、成家立业的根本，是做好事情的基础，是家庭层面的血缘关系。第二层血缘关系就是父母的兄弟姐妹，即孩子的伯叔姑姨舅。第二层血缘关系构成了家族势力，超越了第一层血缘关系的家庭范围。比较典型的就是周朝分封制、晋国六卿等。第三层血缘关系就是宗族。家族和家族的交集形成了宗族。一个宗族人数可达上百人和上千人。如秦朝嬴氏宗亲，清朝爱新觉罗氏宗族，孔子世家，陈涉世家等。宗族就是地方势力的基础，是中国古代人际关系的根本。如有“一人有罪，株连九族”一说。宗族的最大特点就是以血缘关系为核心，而不是以个人为核心。宗族关系给个人特别是广大农民一定的人身自由，减轻了人与人之间的依附程度，并且以家族关系与社会关系相结合，治国与治家相一致，建立起相对稳定和统一的社会秩序。

通过血缘关系，家族间形成一层一层的纵向结构，构建成儒家思想所倡导的“君君、臣臣、父父、子子”以及“父子有亲，君臣有义，夫妇有别，长幼有序，朋友有信”的人际关系。人际间的血缘关系是人类社会最原始、最久远的人际关系，是一种互动性最强，对人影响最大的人际关系，这种关系与人类共生存。

二、友情关系

“在家靠父母”是说的血缘关系；而“在外靠朋友”说的就是友情关系。友情关系建立在虚拟的“血缘关系”之上，是人们在日常生活和社会交往中以友情为纽带结成的人际关系。如，“四海之内皆兄弟”“桃园三结义”“梁山好汉”等。在古代，“同门曰朋，同志曰友”。随着社会的不断发展，友情的含义不仅包括同学之情，还包括战友、棋友、球友、牌友、舞友等。而明朝苏峻在《鸡鸣偶记》中讲朋友分为“道义相砥，过失相规，畏友也；缓急可共，生死可托，密友也；甘言如饴，游戏征逐，昵友也；利则相攘，患则相倾，贼友也”四个类别。因此，大学生在交友时，要慎重，要分类。比如，马克思和恩格斯，毛泽东、周恩来与朱德的友谊堪称楷模。正如《孔子家语·六本》所言：“与善人居，如入芝兰之室，久而不闻其香，即与之化矣；与恶人居，如入鲍鱼之肆，久而不闻其臭，亦与之化矣。”友情关系成为除血缘关系之外异常重要的人际关系。根据密切程度，可以将友情关系分为知己型、亲密型和一般型。

知己型友情关系是与心灵距离最近、关系最为密切的朋友关系，又称为“知音”。如，俞伯牙与钟子期，管仲与鲍叔牙，廉颇与蔺相如。这个朋友不仅对你的各方面最为了解，并且能够与你分享喜悦，分担烦恼。在你失意彷徨时给予鼓励，在你得意忘形时给予提醒。

亲密型友情关系是指与其交往关系亲密程度仅次于知己型友情关系，又称为“密友”“挚友”。生活中，与亲密朋友的交往频率可能是最高的。亲密型朋友对交往者的影响极其深刻。

一般型友情关系是指交往者之间的亲密程度在“一般”状态。我们通常所交的朋友大多数都是属于此类型。一般型朋友是人际关系的主要组成部分，很大程度上反映你的社交能力。一个人事业的成功，是靠众多的一般型朋友的帮助才能完成。因而，“注重维持并升格与现有一般型朋友之间的友谊，并逐渐地扩大一般型朋友数量，应是人际关系的一项重要内容。[1]”

老乡关系是友情关系里非常独特的人际关系，处于血缘关系和友情关系之间，兼有二者的特点，但更倾向于友情关系。“老乡见老乡，两眼泪汪汪”“美不美故乡水，亲不亲故乡人”。家乡情怀最容易连通同乡人的心。老乡关系是一种地缘关系，是一种无法选择的天然存在的人际关系。比如徽商、晋商、浙商、湘军、淮军等。老乡关系具有相同的语言特征、文化认同度高、社会习惯相同，具有天然的亲近感和认同感。老乡关系能联络感情，满足人合群和

[1] 李蔚，黄鹂．社交谋略与技巧 [M]. 成都：四川大学出版社，1997.

交友的需要；能交流信息，得到帮助，促进合作。但我们也不能忽视老乡关系的负面作用和由此引发的不正之风。

三、婚恋关系

婚恋关系是人际关系中非常重要的一种关系，是组成家庭的基础。婚恋关系包括恋爱关系和婚姻关系两个阶段。恋爱关系是两个人在一定物质条件和共同的人生理想的基础上，各自内心形成对对方最真挚的仰慕，渴望与对方共同生活、共同经营成为终身伴侣的关系。

恋爱关系大致分为相识、相知、相恋、相爱四个阶段。相识阶段是男女相互初次相见，相互认识阶段，彼此保持适当的距离，相互了解家庭情况、工作情况、未来规划等。相知阶段是男女通过频繁交往沟通达到了相互深入了解，彼此对未来生活充满期待，有共同的价值追求和共同的理想。相恋阶段是男女关系的进一步升华，畅谈理想，彼此照顾，互相包容，共同发展，体贴关心对方，但此时彼此都要有主见，要有礼貌，尊重对方。相爱阶段是恋爱阶段的最高阶段，为男女步入婚姻阶段奠定坚实的基础，但对待对方家人要有礼貌，要专一、要信任、要尊重对方。

婚姻关系是由婚姻登记机关根据《中华人民共和国婚姻法》规定进行婚姻登记并发放结婚证予以确定的。婚姻关系是以婚姻为纽带，是后天产生的。我国法律规定，婚姻关系中“实行婚姻自由，男女双方完全自愿，一夫一妻，男女平等；夫妻应当相互忠实、互相尊重；家庭成员间应当敬老爱幼，相互帮助，维护平等、和睦、文明的婚姻家庭关系”。因此，婚姻关系的核心是家庭。家庭生活伴随着整个婚姻生涯。没有家庭的婚姻或者没有婚姻的家庭是不存在的。维系婚姻关系或家庭关系的是夫妻关系。正如所言：“夫妻关系不仅需要爱情，还需要肝胆相照的义气，同仇敌忾的默契和刻骨铭心的恩情。”最好的婚姻状态就是相互扶持，同舟共济，生死与共。梁思成和林徽因，孙中山和宋庆龄等模范夫妻，都是患难与共、相濡以沫的典范。在婚姻关系中，需要男女双方营造“举案齐眉”的悠闲，追寻“相敬如宾”的感觉。

四、职场关系

职场关系是与血缘关系、友情关系、婚姻关系并行不悖的一种人际关系，是指在职场中人际关系的总和，是以职业生活为纽带而成的关系，不仅包括同事关系，还包括上下级关系、客户关系、竞争关系等。职场关系受职业活动的影响，体现为人与人之间的直接角色关系。职场关系的交往双方必须遵循自己在职业群体中的角色行为规范，表现出一种责任依从性，交往关系受到社会规范、职业规范和角色规范的约束。

职场关系中的四种关系处理得好坏直接关系到职场成功与否。处理职场关系时，需要分清楚四种关系的着力点，有意识地协调好各种人际关系，方能得到领导、同事以及客户的认可和帮助，才能逐渐成熟，不断进步。

第一，上下级关系。上下级关系是职场关系中最基本的关系，就是领导与被领导的关系。在处理上下级关系时，上级要体恤下级，“激励干部增强干事创业的精气神”“从严教育、从严管理、从严监督”“撑腰鼓劲、关爱宽容，体现上级领导和组织的温度”；下级应当尊敬上级，维护领导的威信，遵守组织原则，服从分配和积极工作，体谅上级难处，设身处地为上级分忧，满腔热情地帮助领导，补台而不拆台，促进事业发展。

第二，同事关系。同事关系是职场关系中最密切的一种人际关系，是一种平行的人际关系。在同一个单位、同一个部门、同一个项目，为了工作或项目共同的目标而确立的一种职场人际关系。相互信任是维系同事关系的重要因素。同事关系影响着一个人的前途和命运。在职场中处理同事关系时，要秉持“和为贵，君子之交淡如水”的思想，“学会尊重同事”“学会和不同类型同事打交道”，营造和睦亲和融洽的工作环境。

第三，客户关系。客户关系是职场人际关系中非常重要的关系之一，是指为实现业务目标，与客户建立起某种联系。这种关系可能是交易关系，也可能是联盟关系或者是通信关系。客户关系具有多样性、差异性、持续性、竞争性和双赢性特征。在与客户接触时，职场人面临的难题就是“如何吸引客户，留住客户”。此时，客户关系的重要性凸显出来。正如得到 App 创始人罗振宇所言，最成功的职场人对待客户关系“不仅仅是业务上的诉求或者营销，而是一个人倾尽自己的才华，对世界的感受，对客户的理解，并且倾其所能为客户做方案”。这具体体现在华为云工作人员陈盈霖发给得到 App 创始人罗振宇的一封电子邮件，邮件内容简要如下：

听说“得到”要做企业知识服务，我们在自己服务的客户里面精挑细选，为“得到”挑选到了适合的客户，并且做了对方的工作，可立即签约；

不要有压力和顾虑，这个和我们华为云与你们的数据服务没有关系；

我们华为云的总裁和副总裁，都是“得到”的客户，他们非常关心华为云和“得到”的合作进展；

拒绝我们 100 次，也不要紧，我们会再沟通 101 次，因为我们坚信华为云是“得到”最正确的选择；我们没有“美式装备”，但是在您最需要的时候，我们一定是金刚川上的那座“人桥”。

这封邮件内容充分表达了以客户为中心的思想。

第四，竞争关系。职场中存在竞争关系是正常的。同一个部门之间，同一个岗位之间都会存在职称评审、职务晋升、评优评先等竞争。要正确面对竞争关系，抱着喜欢竞争、公平竞争的态度，踏实工作，兢兢业业，不断提升自身职场能力。另外，要保持平和心态，而不是将职场同事当作敌人；要注重提升自己的工作能力，不要太功利而影响对事情的判断；要拥有强大的内心，多跟自己竞争，提升自身的才能，展现自己的能力。

第四节　人际关系中的情商表达

人际关系是人与人在相互交往过程中建立和发展起来的心理、社会联系。人际认知是人们在交往过程中获得的相互了解和判断。人际交往中，交往者、交往者传递的信息、人际认知、人际反应、人际关系、人际吸引、交往情境以及政治地位、经济水平、文化层次、宗教信仰、伦理道德等背景因素影响着人际交往效果，展现着交往者的情商，体现着交往者的修养和素质。为完美地展现交往者较高的修养和素质，我们需要掌握人际关系中的交往原则、交往尺度、交往艺术、交往之美，进而准确地进行情商表达。

一、人际关系中的交往原则

生活中，有的人与他人交往如鱼得水，左右逢源，而有的人则很难交到朋友，人们对其避之唯恐不及。深究其根本原因，在于他没有掌握人际关系中的交往原则。

第一，平等待人。平等待人是人际交往取得成功的重要保障，是建立良好人际关系的重要前提。这里所说的平等主要指双方态度上的平等。平等待人意味着尊重对方，礼貌待人。人际交往中，只有形成尊重与被尊重的默契与和谐，才可能让交往顺利进行和持续发展。同时，礼貌待人是人际交往中最起码的要求，是我们赢得尊重的前提。《战国策》记载："中山君飨都士大夫司马子期在焉。羊羹不遍，司马子期怒而走于楚，说楚王伐中山，中山君亡。有二人挈戈而随其后者，中山君顾谓二人：'子奚为者也？'二人对曰：'臣有父，尝饿且死，君下壶飧饵之。臣父且死，曰：中山有事，汝必死之。故来死君也。'中山君喟然而仰叹曰：'与不期众少，其于当厄；怨不期深浅，其于伤心。吾以一杯羊羹亡国，以一壶飧得士二人。'""一杯羊羹亡国"的典故告诫我们要礼貌待人，尊重每个人，与人和善相处。

交往中，要经常使用"您""您好""请""谢谢""对不起""没关系""再见"等日常礼貌用语。只要言谈举止彬彬有礼，你的良好修养会给人留下深刻印象。因此，一个人只有从外表到本质都文雅有礼，才能受人尊敬。

第二，真诚守信。真诚守信指一个人诚实、不欺骗、遵守诺言，从而取得他人的信任。人们经常说"将心比心""以真心换真心"就是说对人要真诚守信。人际交往中，要以真诚获得信任。《宋史·晏殊传》记载："晏殊，七岁能属文，以神通荐之。帝召殊与进士千余人并试廷中殊神气不慑援笔立成帝嘉赏赐同进士出身。后二日，复试诗、赋、论，殊奏：‘臣尝私习此赋，请试他题。’帝爱其不欺，既成，数称善。”晏殊的诚实获得了皇帝的信任和提拔。同时，也要以真诚赢得信用。“得黄金百斤，不如得季布一诺”“一言既出，驷马难追”都是讲信用的重要性。正如孔子所言：“人而无信，不知其可也。”诚信是一张无形的名片，关乎一个人的形象和品质。一个讲信用的人，做好前后一致、言行一致、表里如一，“言必信，行必果”。一个人诚实守信，自然得道多助，能够获得大家的尊重。一旦不守信，便会失信于人，一旦遭难，只能坐以待毙。

第三，合作协同。“一个篱笆三个桩，一个好汉三个帮。”合作协同已成为人际关系中非常重要的交往方式。随着社会分工的精细化和工作内容智能比例提高，许多工作都需要团队合作完成。一个擅于交往的人必定是个擅于合作的人。三国时期，孙权和刘备联合攻打曹操，赢得赤壁之战的胜利，奠定三国鼎立的局面。人与人之间只有相互取长补短，加强协同，形成互补关系，才能促进良好的人际关系。另外，合作必须是以双赢为目的、坦诚相待、互惠互利，不是你争我夺，不是尔虞我诈，更不是两败俱伤。基于此，人与人朝向共同的目标，重视团队中每个成员，真正发挥团队的力量，形成来之能战，战之能胜的团队，继而在激烈的社会竞争中取得胜利。

第四，互惠分享。互惠互利既要感情又要功利，是人际交往的一个常规策略。而需求平衡、利益均等是人际交往的一个必要条件。人际交往是一种双向行为，“来而不往非礼也”。因此，交往心态上要考虑双方都收到物质和精神的益处，双方都付出都奉献，坚持“互惠”，追求“双赢”，达到一定平衡，利益共享，共谋发展。这样的人际交往才能更长久，更和谐。同时，也要懂得分享。人际交往中，始终关注周围人，努力做到“雪中送炭”，让别人感受到一直被关心。一个能够与人互惠分享的人，能够感受到“赠人玫瑰，手留余香”的快乐。

第五，适当得体。人际关系中，谁不想给对方留下一份美好的印象呢？谁不想给人留下好印象继续交往呢？那么，需要我们在人际交往中说话得体、服饰得体、举止得体和社交距离得体。面对不同的交往对象，传达不同的信息和思想情感，从而产生不同的表达效果。“到什么山唱什么歌，见什么人说什么话。”“酒逢知己千杯少，话不投机半句多。”因此，说话要注意时机场合，亲疏辈分，音调轻重。《墨子》记载：“子禽问曰：‘多言与少言，何益？’墨子曰：‘蛙与蝇，日夜恒鸣，口干舌擗，然而不听。今观晨鸡，时夜而鸣，天下振动。多言何益？唯其言之时也。’”这个典故形象地诠释了把握好说话分寸的利弊。

常言道：“人靠衣装马靠鞍。”服饰得体是一种礼貌，一定程度上直接影响着人际关系的和谐。服饰得体主要体现在着装干净整洁，符合自己的身份，不同的时间地点场合应着不同着装。举止得体主要体现在形体姿态上要站有站态、坐有坐相、走有走姿，公共场合遵守礼仪规范，做到行为端庄、优雅得体、风度翩翩。社交距离得当主要是指人与人应保持一定的空间距离,准确把握亲密距离、个人距离、社会距离和公众距离的异同,做到做事有分寸,交往有尺度。

二、人际关系中的交往尺度

《易经》节卦卦辞:“节。亨,苦节,不可贞。”告诫我们:“节制,可以;但若过分的苦苦节制,则不可,会造成过犹不及。”人际关系也是如此。在人际关系交往中,针对不同的人、不同的事、不同场合以及不同的情况要灵活掌握分寸,做到适可而止。在人际关系交往中,无外乎“听”“说”两个方面能够把握住尺度。从“听”的尺度上而言,要耐心倾听,做到耳到、眼到和心到,继而获取正确的交谈信息,增进相互间的感情。在听的过程中,一定要专注地聆听,而不是听而不闻、虚与委蛇、选择性倾听。另外,听的时候要频繁与对方进行眼神交流,不要随意打断对方的讲话;若需要打断对方讲话,可以寻找恰当的时机,或者“不好意思,我打断一下,我的理解……您看对不对?”这样更有助于继续交谈,提高谈话质量。谈话过程中,保持讲话人的话题。如果对方没有结束话题的意思,不管自己多么渴望结束或开始新的话题,一定不要设法转移话题。倾听者在保持讲话人话题时,还可以在对方讲完话之后,表达“正如你所说的观点……”或者“我完全赞成你的看法”等,使对方感到欣慰,受到尊重。聪明的倾听者,不仅要听明白话面意思,而且要从谈话者言语中听出弦外之音,从其语气、词性、举止、表情中读出隐含的谈话信息,准确明白谈话者的真实意图。只有这样,才能实现真正的交流和沟通。

从“说”的尺度上而言,要语言得体、表达清晰,合乎礼仪。“一言可以兴邦,一言可以误国。”“良言一句三冬暖,恶语伤人六月寒。”人际交往中,要正确地“说”。与陌生人初次见面时,要合乎场合地得体介绍,有礼貌递送名片可以缩短彼此间的心理距离。同时,需要考虑对方心理、社会习惯,选择合适的称呼和尊称与对方交流。另外,还需要时常运用敬语、歉语、雅语以及礼貌用语拉近彼此的距离,消除人际间的摩擦,搭建一座友谊的桥梁。

在“说”的时候要根据不同的场合,面对不同的交往对象,以平等、尊重、信任、友好、适应和得体的态度选择合适的语音、语气、语速、节奏和语调,确保发音准确、语气亲切、语速适中、语调平和,达到和谐交往的目的。

在“说”的时候要选择与对象和场合相关的话题内容,营造轻松愉悦的气氛,建立良好和谐的关系。

三、人际关系中的交往艺术

人际关系中的交往需要讲艺术,要学会倾听、学会表达、学会赞美、学会微笑、学会拒绝。

学会倾听就是要耐心听、虚心听、用心听、会心听。“上帝给人类两只耳朵一张嘴，就是要人们先学会听。”倾听过程中，选择双方感兴趣的话题，尽量表现出倾听的兴趣，力求在对方的角色上设身处地考虑问题，不打断对方谈话，不插话，要时常交换眼神，偶尔表达自己的观点和看法，传达倾听的效果。

学会表达就是让别人了解自己，也让自己了解别人，增进相互理解，减少不必要的误会和摩擦。首先，表达要分清语言的沟通层次。人际交往中，表达主要由闲聊、讨论和谈心三个层次组成。闲聊是一种没有特定目的、没有确定主题的谈话。闲聊的作用是拉近交谈多方之间的心理距离。讨论主要是一种针对某个话题范围并有着确定主题的谈话，一般发生在熟人之间。讨论的作用是加深谈话双方的相互了解。谈心是一种针对交谈的一方或双方心里隐秘的问题所进行的谈话，一般发生在亲密无间的朋友和亲人之间或工作相关联的双方之间。谈心是改善人际关系、缩短人际距离最有效的手段。其次，表达要把握语言的人际距离。人际距离可以表现为空间距离、时间距离和语言距离，但其核心是心理距离。第三，表达要减少语言的摩擦系数。人际交往中，需要宽容友善地表达、明确通俗地表达、委婉艺术地表达、幽默机智地表达。第四，表达要调配语言的情感色彩。主要体现在说话时要考虑对方的身份境况、符合对方的心理特征、适应对方的情绪变化。最后，表达要切合语言的交际场合。言语表达要与特定环境气氛相协调，与特定时间境况相适应，与特定文化习俗相融通。

学会赞美能够更好地与对方沟通，建立和谐的关系。赞美更容易为对方所接受、能够营造良好舒适的社交语境、能够缩短与对方的心理距离、能够更好地了解对方的需要、能够使彼此保持愉悦的心情交谈。赞美对方时，可以直接赞美，也可以间接赞美；可以请教式赞美，也可以鼓励式赞美；可以类比性赞美，也可以断语式赞美；可以是正话反说式赞美，也可以抓住细节赞美。赞美女性时，可以赞美其优雅的着装、得体的打扮、时尚的发型、独特的品位、恬静的个性、较高的修养、聪明的孩子、擅于持家理财的能力。赞美男性时，可以赞美其仪表帅气、独特审美、成功人士、骄人成绩、绅士风范、英武大度等。反之亦可。

学会微笑传递喜悦的信息与美好的情感，展现热情和修养。人际交往中，握手时微笑表示“欢迎光临”，使对方感受到热情；交谈中遇到不易接受的事情，可以边摇头边微笑，表示委婉谢绝，不会使人感到难堪。微笑能够让人感觉到爱岗敬业、真诚友善、充满自信、心情愉悦，能够消除彼此的戒备心理，缩短人与人之间的距离。真诚微笑主要包括无声的笑、感触的笑和职业的笑。但在升国旗、唱国歌、隆重的会议、重要庆典活动、法庭、探病、吊丧、讨论某些重大问题等特殊场合，要慎重使用微笑。

学会能够成功拒绝他人的“不情之请”，而且还能把拒绝带来的遗憾缩小到最低限度，既不伤害对方的自尊与感情，又能取得对方的谅解和支持。拒绝非但不损害你在别人心目中的形象和威信，反而会提高你在别人心目中的地位，使人际关系更加和谐，减少对方的不悦和失望，寻求其谅解和认同，从而最大限度地避免因拒绝而树敌。面对各种各样的要求、请求、恳求、哀求，要学会根据自身受到时间、生理极限、国家法规、自身能力、主观情感的限制，采用适当的方法和得体的方式表达拒绝。首先，当别人向你提出请求时，耐心聆听，可以委婉地表明拒绝的立场，切忌在他人刚开口时即予以断然拒绝。第二，因各种原因不能配合对方时，一定要明确说明拒绝的理由，切忌以“我很忙”为由打发别人。第三，拒绝时要先扬后抑。可以这样表达“你的要求并不过分，问题在于……”“是的，我能理解为什么事情会那样，但是……”“你没错，假如我站在你的位置上，我也会这么说，但……”采用迂回战术，先表示同情、理解甚至同意，而后再巧妙拒绝，使拒绝之辞委婉而含蓄。第四，用温和且抱歉的语气来拒绝。对于他人的请求，无能为力的或迫于情势而不得不拒绝的，一定要加上“实在对不起”“请您原谅”等歉语。第五，拒绝后提出替代建议。你若为对方指出处理其请求的其他有效建议或替代方案，让对方知道你拒绝的是他的请求，而不是他本人，对方就会减轻对你的怨恨心理。若你的指引能帮他找到更适当的支援，还会得到他的感激。

四、人际关系中的交往之美

人际交往中，交往者在各种社会实践活动通过所言所行能体现出气质之美、礼仪之美、心灵之美等交往之美。

气质之美以一个人的文化、知识、思想修养、道德品质为基础，属于一种内在美和精神美，能够通过对待生活的态度、情感和行为直观地表现出来。现实生活中，气质好的人能给人以美的享受。比如，外貌秀丽、举止端庄、性格温柔能给人以恬静的静态气质美；身材魁梧、行动矫健、性格豪爽能给人以粗犷的动态气质美；外貌英俊、举止文雅、性格沉稳能给人高洁优雅的气质美。女性气质之美通过拥有品位、钟爱音乐、养成看书习惯、懂得生活，表现出丰富的内心世界、高尚品德、拥有科学文化知识、胸襟开阔、性格温柔、举止热情、言谈大方气质之美。男性气质之美通过内外兼修、谈吐文雅、多学习、多看书、有品位、好心态进行培养，表现出心胸开阔、执着认真、交友有方、尊重关爱女性、尊敬父母师长、善于学习、幽默可爱的气质之美。一个人的真正魅力主要在于特有的气质，这种气质对同性和异性都有吸引力，是一种内在的人格魅力，具有持久性。

礼仪之美即人人遵守、执行，相互传递正能量，营造和谐的社会氛围。礼仪之美包含得体的衣着、文雅的举止、恰当的问候、彬彬有礼的行为。人际交往中，交往者要懂得社交语言礼仪，掌握社交语言使用原则，知道社交话题范围及社交语境，能够准确表达社交语言，注意措辞选择，语气语调的使用，能够灵活使用寒暄、赞美、幽默、面对面交谈的语言技巧；交往者要懂得服饰与修饰礼仪，掌握服装配色、服装选择和着装礼仪，能够正确佩戴饰品以及常用配饰的选择和搭配，能够准确进行彩妆修饰；交往者要懂得眼神和微笑等仪容礼仪，知道站姿、坐姿、走姿和蹲姿的形态礼仪，能够正确使用手势、身体动作、身体空间表达等体态礼仪；交往者要懂得称呼、介绍、握手、递交名片等日常生活礼仪，知道待客、乘车、出入电梯、迎客礼仪，能够正确使用致意、拜访、馈赠等交际行为礼仪；交往者要懂得就餐礼仪，掌握宴请和赴宴礼仪，正确使用和区分中餐和西餐餐桌礼仪。礼仪之美确保交往者具备较强的交际能力，顺利地协调和处理各种复杂的人际关系，促进社会和谐。

心灵之美又称为“内秀”“内在美”，是指人的思想、情感、意识、态度或整个人的品德之美，是真善美的统一，是知情意的统一。心灵美是气质之美和礼仪之美的基础。爱美之心，人皆有之。纯洁的心灵才是真正的美。心灵之美胜过形体之美。同时，心灵之美也是一种素质，外显于人们的一言一行之中。每个人的心灵都是一枚栉风沐雨的种子，能够传播爱和善良，给生命以意义，给生活以情趣，特别温馨甜蜜。心灵之美包括思想意识之美、道德情操之美、精神意志之美和智慧才能之美。思想意识之美包括践行社会主义核心价值观，秉持爱国主义和集体主义思想，树立崇高的理想等；道德情操之美包括丰富的情感、高尚的品德，高风亮节，坚持公平正义，仪态自然大方、风度翩翩等；精神意志之美包括创造精神、顽强意志、积极上进进取，崇高气节等；智慧才能之美包括较高的文化素养，扎实的文化知识，较强的才能，聪明睿智等。

本章小结

人际关系是人类生存和从事一切社会活动的必然前提。情感态度、性格、交往频率、地理距离影响着人际关系。人际关系不仅能够增强人与人之间的沟通，而且能够认识自我和调节自我。大学生人际关系具有较强的自我意识、浓厚的情感心理、过度的张扬个性、网络化交往方式、理想化人际交往等特点。

人际关系是一种心理的关系和距离。以两人之间的距离为划分依据，按照两人间接触的程度将人际关系划分为亲密距离、个人距离、社交距离、公众距离四大类，深度卷入、中度卷入、轻度卷入、表面接触、双向注意、单向注意、零接触七种类型。正确认识人际关系中的首因效应、近因效应、光环效应、投射效应、定势效应、刻板效应等心理效应。

依据人生的发展阶段而言，人际交往中的基本关系主要有血缘关系、友情关系、婚恋关系和职场关系。

人际交往要遵循平等待人、真诚守信、合作协同、互惠分享、适当得体等原则。在人际关系交往中，针对不同的人、不同的事、不同场合以及不同的情况要灵活掌握分寸感，把握“听”和“说”的尺度，做到适可而止。人际关系中的交往需要讲艺术，要学会倾听、学会表达、学会赞美、学会微笑、学会拒绝。在人际交往中，交往者在各种社会实践活动中通过所言所行体现出气质之美、礼仪之美、心灵之美等交往之美。

复习思考题

1. 简要论述影响人际关系的因素有哪些？

2. 按照距离和接触程度分类依据，你与恋爱中男（女）友处于哪种人际关系类型？

3. 请对你周围大学生人际关系现状做一简要评价？为什么？

4. 请举例说明你成功拒绝他人的“不情之请”，而且还能把拒绝带来的遗憾缩小到最低限度，既没有伤害对方的自尊与感情，又能取得对方的谅解和支持。

5. 假如你是宿舍寝室长，如何与舍友更好地相处？

第五章
语言沟通的艺术

有人问哲学家奥佛拉斯塔:“在交际场合一言不发好不好？”奥佛拉斯塔回答:“如果你是傻瓜，一言不发是聪明的；如果你是聪明的，一言不发是愚蠢的。”孔子在《论语》中有句名言:“君子欲讷于言而敏于行。”其意为做事要勤奋敏捷，说话却要谨慎。《韩非子》中写道:“夫事以密成，语以泄败。未必其身泄之也；而语及所匿之事，如此者身危。”事情因保密而取得成功，泄密会导致失败，并不是泄露了重要的机密，而是谈话中触及对方心中隐匿的事，就会身遭危险。古往今来，大大小小的成败都藏匿于“言语”之中，大到国家之间的合作博弈，小至日常生活中的人际交往；从民族形象地位的展现，到个人职场的发展；它既能化解生死攸关、险象环生的危急时刻，又能让原本和谐的关系支离破碎。本章主要围绕语言沟通概述、语言沟通的类型及常见问题、语言沟通的原则与技巧三个方面来阐述语言沟通的艺术。

第一节　语言沟通概述

一、语言沟通的内涵

早在先秦时期，人们已经认识到语言对于社会、政治、经济稳定的重要性，中国学者由此展开对“语言”及其功能的研究。春秋战国时期是思想与学术尤为活跃的时期，“百家争鸣”的局面使得我国传统语言学得以迅速发展。士人在诸侯之间游说、辩论，充分发表自己的政见，以赢得诸侯的认同。因此，语言的修辞及效果备受重视，《论语》《孟子》等著作中都有对语言修辞问题的深刻探索。

语言是一种用来交流思想、表达感情以及传递信息的重要符号，是人类最重要的交际和思维的工具。沟通是指凭借一定的载体来传递和交流信息的一种社会活动。沟通的渠道和方式多种多样，就其凭借的载体而言，可以分为语言沟通和非语言沟通。[1]语言沟通是人们使用语言进行表情达意的活动，是以思维和沟通为基本功能的行为，包括口语沟通、书面语言沟通和肢体语言沟通，口语沟通包括交谈、谈判、演讲、会议等，书面语言沟通包括书信、邮件、通知、文件等，肢体语言沟通包括表情、手势、体态等。本章在讨论“语言沟通”问题上，将着重探讨沟通双方之间通过“说话”进行的互动。也就是说，肢体语言和书面语言进行的沟通，不包含在本书论述范围之内。

[1] 李东 . 高品质的人际沟通 [M]. 北京：社会科学文献出版社，2018.

二、语言沟通的功能

1. 政治功能

“一言而可以兴邦”“一言而丧邦”，说的是语言直接关系到国家的兴盛与衰亡。春秋时期，齐国宰相晏子使楚的故事人人皆知。面对楚人的无端刁难，晏子用幽默机智的回答来化解：“橘生淮南则为橘，生于淮北则为枳。”既调侃了对方，又彰显了楚国的智慧与风度。因此，语言沟通具有治国安邦、建立外交的功能。

2. 社会功能

“社会化”是指一个人由“自然人”逐步成长为一个“社会人”的过程。这一过程包含两个方面：一是通过学习语言、知识、技能、行为准则来适应社会；二是社会不断地影响着个体，使其最终形成较为一致的社会价值规范体系。在人类“社会化”的过程中，语言沟通对于个体观念的形成以及个体人格的养成，乃至整个社会价值规范的建立都发挥着重要的作用。

3. 人际交往功能

我们在第四章中讲到人际交往中的“关系”，语言沟通中一定也存在“关系”，如夫妻关系、父子关系、长幼关系、朋友关系、师生关系、上下级关系、伙伴关系等。个体之间的关系引起他们的沟通，沟通也反过来影响个体之间的关系。语言沟通是促进人际关系的主要形式。良好的语言沟通，能有效调节关系，深化感情，进而建立和谐的人际交往。语言沟通力强的人能更容易被赏识，更容易与人合作、建立威信，生活中也更具有魅力。

4. 信息获取功能

语言沟通是一种有目的的信息交流活动，语言沟通的主题通过语言符号传递，来使沟通对象接受某种观点。通过双方或多方的语言沟通，可以获取、传播、储存必要的信息，具有获取信息的功能。

5. 决策功能

生活中的人们必须进行各种决策，语言沟通能够促进信息交换，并且能够影响他人，进而促进决策的发生。语言沟通有利于统一观点和认识，达成一致意见，往往以辩论、讨论、会议等多种方式促进了决策的过程。

三、语言沟通效果的影响因素

所谓效果，是指人的行为产生的有效结果。语言沟通效果具有两层含义：一是指语言沟通在沟通对象身上引起的心理、态度和行为的变化；二是指语言沟通对沟通对象乃至整个社会所产生的影响和结果的总体反映。沟通效果的形成是一个多种因素交互作用的复杂过程，因此，影响语言沟通效果的因素也非单一的，具体来说：

1. 语言沟通主体与效果

语言沟通主体的性质包括性别、年龄、身份、性格、兴趣、经历、智商、态度、情商以及影响力等，都制约着沟通的效果。作为语言沟通过程的发起者和“控制人”，从“源头”影响着沟通的全过程。例如，语言沟通主体的态度会影响沟通的效果。语气诚恳自然，和蔼可亲，表达得体促进沟通双方意见的达成；轻率定论，武断专横，自以为是，情感淡漠则不利于沟通的效果。

2. 语言沟通技巧与效果

语言沟通技巧是人际沟通实践中很重要的课题。同样的信息、媒介、主体，沟通方式不同，效果也不同。沟通技巧是通过影响沟通对象的心理和行动从而实现说服或劝说目的的策略和方法。人与人之间经常会出现看法不一致的情况，如何让对方认可并同意自己的观点呢？这就需要采用适宜的沟通技巧来达成沟通主体的预期目的。

3. 语言沟通对象与效果

研究表明，在沟通主体、沟通技巧、信息内容都一样的条件下，面对不同的沟通对象，其沟通效果也不同。例如，沟通对象的个性会影响沟通效果的好坏。每个人都有自己的个性，有人比较开放，愿意倾听他人的意见和建议，因此沟通也相对顺畅；有人比较固执，在沟通中仍然我行我素，这时沟通就会受到阻碍。

第二节　语言沟通的常见类型及成因

本节主要围绕大学生日常生活、学习中常见的语言沟通类型、语言沟通问题以及成因展开讨论，以指导大学生在校园中里的语言沟通实践，提升人际交往能力，进而帮助大学生建立和谐良好的人际关系。

一、语言沟通的常见类型及表现

1.“自我中心型”与“换位思考型”

在与人沟通时，有些同学只顾及自己的需要和感受，不考虑别人，一味地表达自己的观点，甚至吹嘘炫耀自己，觉察不到对方对此并没有兴趣。即便觉察到了，也不懂得转移话题，直到周围的人表现出十分明显的反感。而有些同学在交流沟通中，懂得换位思考，能察言观色，在不同的场合变换说话风格，听他们说话“如沐春风”，在周围人说话时他们也表现出极大的尊重与耐心。

2."自我封闭型"与"积极主动型"

"自我封闭型"的人一般不主动与人交谈，而是被动等待他人的靠近，在沟通中往往说得很少。这种类型背后的原因往往有两种：一是主观地不愿让别人了解自己，故意把自己封闭起来；二是本人虽愿意并尝试与他人沟通，但性格内向孤僻，且短时间内不能克服心理障碍，说话时面红耳赤，羞羞答答。"积极主动型"在群体中会主动地介绍自己，认识他人，遇事积极沟通，真诚地表达观点。一位大一新生，提前两天来到学校适应环境，并主动与同学、老师认识，积极帮助同学办理入学手续，赢得了同学们的信任，在随后的班委竞选中也顺利地成为班长，得到了很好的锻炼机会。

3."自私自利型"与"全局思考型"

有些同学在人际交往中，过重地考虑交往中的个人愿望、利益是否能够实现和达成，实现的可能性有多大等，使个人交往带上浓厚的功利色彩，靠吃吃喝喝建立感情，或"唯利是图""大利多交，小利少交，无利不交"。"全局思考型"同学则能从大局出发，明白"水涨船高"，有"集体一盘棋"的格局。

4."无效沟通"与"有效沟通"

有一档求职节目，当主持人问到求职者的优势时，她毫不犹豫地说："我擅长沟通，完全能够胜任市场类的工作"，但在接下来的半个小时中，面试官们问的问题，这位求职人都在答非所问。无奈之下，这位求职者很不好意思地说："我确实很喜欢沟通，可能尽力沟了没有通。"沟通不是单方面的，是相互依存的双方或多方关系。有效沟通能够推进问题顺利解决，而无效沟通只会浪费彼此的时间和精力，让事情变得越来越糟糕。大学生的日常生活中，有些同学能归纳沟通技巧和方法，并通过自我训练提升，而有些同学采用不良的沟通方式，既增加了沟通成本又使得沟通毫无效果。

5."网络沟通"与"面对面交流"

科技的发展带来了沟通的便捷，网络沟通更为便捷、快速、及时，也可以作为记录；而面对面地交谈，更能充分沟通，双方也能更好地感受到彼此的真实感受，避免产生误会。当代大学生习惯使用微信、QQ 等社交软件传递信息，他们认为通过社交软件沟通起来更为顺畅，能迅速拉近与别人的距离，也能自如地表达自己的观点，反而在现实生活中见面时不知该说什么。即使出去聚会吃饭，大家还是忘不了低头看手机，有时气氛颇为冷淡。

二、语言沟通问题的成因

1. 家庭教育

父母是孩子的第一教师，孩子从父母那里习得不少好的或不好的沟通方式。现代家长对孩子的挫折教育和"吃亏"教育还比较缺乏。家长让孩子在挫折中成长，懂得"吃亏"背后的价值，这样才会让他们真切地了解社会、感知社会，真正懂得如何为人处世，如何与人说话，如何与人沟通。

2. 学校教育

不少教育理念是将学习成绩放在首位，对素质教育重视不够，忽略了对学生人际交往能力的培养，有些甚至把学生的思想品德教育形式化。致使很多大学生在与人交谈、求职面试的时候面红耳赤、羞羞答答、语无伦次。这不得不说是学校教育的缺失，除了学习，学校应当注重培养学生如何做人，以及怎么面对、接触和适应社会。

3. 社会影响

随着信息社会的迅速发展，大学生也逐渐被形形色色的不良观念侵蚀。一些人情冷漠、阴暗的信息内容影响着大学生，他们从不敢相信人到不愿相信人。社会应大力宣传人性的回归，弘扬正能量，让社会充满爱，让人际交往充满温度。

4. 价值观影响

家长们"望子成龙"的期盼，对自家"独苗"的呵护，成为培育"一切为我，一切利我"的温床。在与同学、老师相处时，尤其是面临竞争时，一些大学生"以自我为中心""做精致的利己主义者""竞争大于一切"的价值观就暴露无遗。

第三节　语言沟通的原则与技巧

一、语言沟通的原则

1. 知己知彼的原则

"凡说之难：在知所说之心，可以吾说当之。"语言沟通的难点不在于说话者才智的高低，也不是口才的好坏，而是在于说话者能了解说话对象的心理，能用自己的方式去适应对方。孔子说道："未见颜色而言，谓之瞽。"孟子也说"知人论世"，讲的就是交友的原则。我们常说就事论事，但前文也提到，沟通的效果与沟通的主体及对象是密不可分的，更多时候需要我们"知己知彼，知人论事"。语言沟通过程中，首先要研究沟通对象的背景，包括其职业、文化程度、个性特点、心理倾向等，然后适应沟通对象的特点，选择恰当的沟通方式，才能实现有效沟通。

2. 合作共赢的原则

语言沟通的目的很多，有的希望得到帮助，有的希望得到原谅，有的为了拒绝他人而避免尴尬，有的为了说服他人，有的是示好，有的是宣泄，有的是博弈等等。中国人以"和"为贵，注重和睦、友善和共赢，绝大多数的语言沟通都朝着解决某一个问题去的。战国时期，烛之武一舌敌万师，让秦晋联盟瓦解；苏秦、张仪先后说动诸侯“合纵”和“连横”，他们的言语就是遵循了“合作共赢”的沟通原则。因此，沟通双方要注重在语言中坚持“合作共赢”的原则，与沟通对象友善配合，展现解决问题的诚意，只有这样，语言沟通的目的才能达到。

3. 善用策略的原则

我们的每一次语言沟通并非能令人满意，语言沟通也讲究策略，不同的情境采用合适的沟通策略能帮助我们更好地实现沟通的目的。每个人在语言沟通上的天分也有差别，有些人在语言沟通方面缺乏先天的禀赋，加上又没有进行必要的语言沟通训练，忽略对自身语言沟通能力的培养，也不懂得学习并善用沟通策略，语言沟通效果自然不尽如人意，很多当代大学生在现实生活中也常常因此而备感挫折。

二、语言沟通的方式

语言沟通的方式，是指语言沟通中所采用的方法和形式。古人说:“覆水难收。”讲过的话就像泼出去的水，无法再收回。选择消极、不适宜的沟通方式会导致沟通对象的反感，甚至可能激怒对方，使得事倍功半。因此，每句话出口之前，不能不慎重思考，应在语言沟通的原则下，采用积极、正向的语言沟通方式。我们总结了以下几种可以借鉴的基本沟通方式：

（1）急事，稳重地说。遇到紧急的事情需要告知他人或者上级时，应先沉着思考，厘清重点和层次，不急不躁地向他人或上级表述重要内容。这样既能把事情说清楚，又会给听者留下稳重的印象，从而赢得他人对你的信任度。

（2）小事，简洁地说。对于无关紧要的小事，用简洁的语言一笔带过，尽量不要大谈特谈，让听者感觉过于郑重其事。尤其当需要给他人一些善意提醒时，简洁地说让对方不但会欣然接受你的提醒，还会增强彼此的亲密感。

（3）没把握的事，不轻易承诺。对于自己没有把握做到的事情，不要轻易做出承诺。承诺后而无法做到将会失信于他人。俗话说“没有金刚钻，别揽瓷器活”，做一个“言必信，行必果”的人。

（4）没发生的事，不胡乱揣度。对于不实的或者没有发生的事情，不要随便揣度臆测，以免以讹传讹。特别是在正式场合和职场中，做到这一点会给人留下成熟、认真、稳重的形象。

（5）伤害人的事，不轻易说。语言也是伤害他人的利器，尤其是对待亲近的人。任何时候记得不要用语言攻击他人，不说伤害他人的话。这样让周围的人感到你的善良，更有助于维系和增进感情。

（6）不好的事，不要见人就说。每个人都会有不顺遂的时候，人在伤心难过时，都想要向外倾诉。有的人甚至见人就说，这样做容易使听者心理压力较大，久而久之会疏远你。遇到不好的事情可以有选择地倾诉，不必逢人便讲，不把痛苦转嫁给他人。

（7）丧志的话，不公开说。人难免有泄气的时候，这时候应该接受别人的鼓励，即使没有人为我打气，也要学会自我激励。丧志的话，不要公开地说出来，否则既营造了消极低沉的氛围，又会落得负面的评价。

（8）负气的话，不随意说。人在生气时，往往不自觉地会讲负气的话，伤害别人也会伤害自己。人在感到愤怒的时候，往往会说出最难听的话，因此生气时要努力保持冷静，不要随便发言，等气消后再尝试沟通。

（9）抱怨的话，不经常说。人感到不满意的时候，抱怨的话就会脱口而出，在工作中抱怨主管，在生活中抱怨朋友、家人。如果一个人经常讲抱怨的话，被不善之人听到后会借题发挥、搬弄是非，最后只有自己自食苦果。

（10）机密的话，绝不能说。机密信息，包括家庭的、单位的、行业的乃至国家的机密。任何时候，都要养成绝不外传机密的习惯。

三、语言沟通的策略

策略是指根据具体形势的发展而制定的方针与行动方向。语言沟通的策略，是指在语言沟通的具体情境中，根据语境的发展而制定方针政策，以把握沟通进展与方向，最终实现沟通的目的。

（一）开启话题，把握方向

1. 社交开头

在社交场合，我们要注意沟通的开头。开头能开好，后面的话才好说。好的开头是一个良好的开端，能营造一个融洽的氛围。常见的社交场合的开头方式有：

攀认对方。世界上任何两个人，只要善于发现，都能找到有利的关系，比如同学、老乡、同在某一个行业或者有共同的朋友。这种攀认能有效拉近彼此之间的距离。在攀认对方的同时，切忌去炫耀，否则也会给对方一些不太好的印象。你可以使用恰当的方式，例如："您是某大学毕业的，说起来，我们还是校友啊。""听说您是某老师的学生，某老师刚好上周还来我们学校指导工作了。""您来自湖南，我妈妈也是湖南人，说起来，我们还是老乡呢。"这些话语的适当应用，会让彼此找到更多的共同话题。

敬慕式。初次见面，表达对对方的敬仰之情，让对方得到足够的尊重，特别是面对长辈、领导以及嘉宾。敬慕式的表达既能显示你的修养，也能让对方认识你，便于接下来的顺利交流。例如："您的大作我拜读过很多遍，没想到，今天能在这里一睹您的风采！""今天是教师节，能见到知名的老师，甚是荣幸！""我们在贵单位工作的同学都对我说您非常关爱他们，是最接地气的领导，没想到可以见到您，欢迎，欢迎！”

问候式。这是打开社交场合用得最多的方式。例如，向对方礼貌地打招呼：“您好。”对德高望重的长者可以说：“您老人家好。”如果知道对方的职业，可以把职业加进去，例如：“张医生，您好！”“李老师，您好！”或者称呼对方的技术职称，比如：“孙教授，您好！”知道对方职务的可以这样说：“向经理，您好！”等。遇到节日，最好主动向对方问节日好，比如：“李老师，中秋节快乐！”称呼时如果加上时间会更好，比如：“李总，早上好！”

2. 寒暄技巧

寒暄是指见面时的应酬语。它是社会交往的一种手段，也是增进感情的一种方式。

初次见面的人在寒暄中要体现出坦率、真挚、热情，避免恭维和冷漠。说话时恰到好处，言语不宜过多。熟人之间，应注意长幼之分、身份区别、男女之别。晚辈见到长辈，应表现得谦虚恭敬；见到同辈可以适当放松些，但也应该真诚以待；作为长辈遇到晚辈时，应该耐心地等晚辈充分表达完，再应言而答；与相熟的朋友见面时，应主动先说话，以体现出尊重和热情。

3. 共同话题

俗话说：“话不投机半句多。”在日常聊天过程中，需要找到共同话题，才能更好地进行沟通。找不到共同话题常会使聊天处于尴尬的境地，或无话可说的情形，这种情形若要得到改善，那就得学会善于寻找共同话题。

共同的话题需因人而异，根据对象找共同话题。时尚、购物、化妆、育儿、电影、追剧等，运动、军事、新闻、历史、IT、游戏、旅游等，这是通用的话题，但也可能因具体的人而不一样。

共同话题的寻找也要考虑年龄因素，不同年龄阶段的人喜欢的话题不太一样。比如小孩子喜欢玩具、游戏、动画片、讲故事等等。要和小孩子很好地交流，就要知道他们喜欢什么。老人聊家常，喜欢聊过去的成就和感想。和他们聊天，这些话题自然是首选。与中年人可以多聊聊事业，中年人处在事业的巅峰，把大部分的经历都放在工作中，且有很大一部分事业有成者乐于分享。

和初见的人聊天时，你是否会担心选错话题使得谈话尴尬不已呢？调查显示，有五大安全话题可供选择，分别是：天气、最近的电视节目、彼此熟知的人、时事政治、家乡。

（二）营造气氛，善于倾听

创造和谐舒适的沟通气氛，一是要“真诚”。开诚布公、坦诚相见的态度能使沟通双方感到自然不拘束，有利于接受彼此的观点。在沟通中，不要装腔作势，更不要吹嘘自己或玩弄是非，这些不利于创造和谐的谈话氛围。二是要注重“礼仪”。不同职业、不同地域、不同立场的人有不同的语言特色，从礼仪的角度而言，在谈话中不应采用粗鲁、肮脏的词语以及不文明的举止，尽可能地克服一些不良的沟通习惯。

1. 倾听

环顾我们身边，那些人际沟通高手一定也是倾听能力很强的人，他们花时间仔细倾听，热情地支持与他们分享感受的人，他们说得不多却听得很多，始终保持微笑，用眼神和肢体动作传递友善。好的倾听者会适当地使用眼神接触，对讲话者的语言和非语言行为保持注意和警觉，等待讲话者讲完，显示出对讲话者的兴趣，表现出关心的态度。差的倾听者喜欢打断讲话者，缺乏眼光接触，心烦意乱，坐立不安，不注意讲话者，对讲话者不感兴趣，很少反馈或毫无（语言或非语言）反馈，擅自改变主题等等。由此可见，好的倾听或者有效倾听是有一些共同的规律和策略、技巧的。主人邀请朋友们到家里聚会，其中一个客人刚去便提议：今天一定要不醉不归。几杯过后，这位客人开始高谈阔论，完全不给别人插话的机会，也不听别人在讨论什么。当朋友们开始新的话题时，他又会强拉到自己感兴趣的话题上，场面一度尴尬，这就是差的倾听者的表现之一。

2. 打破沉默

社交中的沉默有两种，一种是对社交有益的沉默；一种是对社交无用的沉默。打破沉默的过程中，尽量不要生硬。例如，一位新朋友第一次参加你们的集体活动，他感到有些拘谨，一言不发，这时你可以主动向他进行自我介绍，并介绍集体活动的相关情况，把他引荐给大家。在轻松愉快的气氛中，帮助这位新朋友自然而然地消除拘束感。

如果你感到对方对此话题不感兴趣，就要马上转移话题，尽量选择对方愿意谈论的事情。如果对方事先没有准备，对该话题有一定的兴趣但又不知从何谈起，这时应以有启发的语言来帮助对方开阔视野，活跃对方的思维，从而引起对方的兴致。

（三）情真意切，融理于情

白居易说："动人心者莫先于情。"不管什么语言，只要饱含真诚的情感，就能产生巨大的影响，就能唤起群众的热诚。情感的力量有时是非常巨大的，它甚至可以完成理性所完成不了的工作。军事家们认为：善战者，攻心为上。辩论中取胜的方法很多，但最上等的莫若攻心。即抓住对方的心理情感进行攻击，重在以激情说服人，把自己的情感传给别人，情通自能理达。演说者演讲时，最重要的是在于和听众融为一体，在情感上达到高度一致，在情绪上引起共鸣。人是十分珍视感情的，在人与人的接触和交往中，感情的作用十分重要。说服人时，首先要创造一种平和、温暖或是热情、诚恳的气氛。

说服他人既要入情又要入理，真正站在对方的立场，为对方着想，并全面分析双方的利弊得失，说话真诚坦荡，语气亲切随和，不卑不亢。具体来说：

1. 先替对方着想

每个人都习惯以自己为中心。沟通时尽量多考虑他人，让别人先发表见解。他人的要求得到满足后，才有可能实现有效沟通。与人交往的过程中，豁达谦逊的人最招人喜欢，他们宁可牺牲自己的愿望甚至利益，但永远记得先满足他人的利益，在说服别人时，也会站在对方的立场考虑问题。

2. 让对方理解你的立场

很多时候，你想说服别人按照你的逻辑行事，但你即便说得口干舌燥，对方还是固执己见。这时，你可以尝试向他展现你的处境，请他站在你的立场考虑问题。出现分歧的原因，绝大多数是因为双方看事情的角度不同、立场不同。只要找好了角度，统一了共赢的突破点，也就找到了问题所在。

（四）充分说理，循循善诱

战国时期，齐景公喜欢捕鸟，一名叫烛雏的人专门负责捕鸟。有一天，烛雏不小心让捕获的鸟飞走了。齐景公十分生气，准备杀掉烛雏。晏子闻讯赶来，对齐景公说："烛雏犯了罪，请让我来一一列举他的罪状。"晏子当着齐景公的面历数烛雏的罪状，说："第一，你专门看管鸟，却让鸟飞掉；第二，你使大王因为你的缘故而杀人；第三，其他诸侯王知道了这件事情，肯定认为我们的大王把鸟看得比人命还重，从此背上坏名声。"晏子说完请齐景公处决烛雏。齐景公连连摆摆手："不要杀了，寡人已经知道错了，多亏爱卿提醒。"

1. 用事实说话

我们总希望别人在听到自己劝解后，立刻点头叫好，改弦易辙，并称赞你"一言惊醒梦中人"。但往往事与愿违。别人的看法、想法、做法，不是一天形成的，"冰冻三尺，非一日之寒"。因此，要对方改变看法也非一日之功。即使对方当时表示心悦诚服，回去深思熟虑后可能依然固执己见。所以，要想彻底说服对方，最好通过事实，把道理讲得更为透彻。

第一，采用有力的数据。在劝说别人的过程中，统计数字和调查研究有很大的说服力。比如，"事故多发地段，请注意安全"和"这里一个月有 3 个人死于车祸"，显然后者的作用会大得多。当然，如果不是非用不可，统计数字应该尽量少用。要知道，如果数字成堆，往往会使听者感到厌烦。

第二，运用经验和例证。我们做事受个人具体经验的影响比受空洞大道理的影响要多得多。对于一个病人来说，如果医生劝她服某种药物，那么即使医生再三证明这种药物有效，并且讲了许多的药理知识，病人总不免心存疑虑。但如果医生说："我自己也服过这种药，只用了一个疗程就痊愈了。"听了这样活生生的个人体验，病人的顾虑可能很快就会打消了。

第三，论据要坚实。什么样的论据才有说服力呢？这是一个很值得重视的问题。向沟通对象提供切实的资料比提供主张和观点更有力量。但对于一个犹豫不决的人来说，资料来源也是很有影响的，并且其影响之深不亚于资料本身。这并非因为人们只信任特定来源而不信任其他来源，而是因为他们更容易接受来自权威人士的论断。

2. 引导谈话内容

如果对方一直说个不停，且谈论的内容都是些无效信息，你可以有意识地引导话题：

第一，总结式引导。可以这样说："你说的方案很不错，我会认真考虑你的方案。"对方会很自然地感到自己的意见已经被认真考虑或听取。

第二，插入式引导。"您谈的这些都很有意思，今后还想找机会请教；我还想听听您对老企业改造方面的意见……"以一句插入语，有礼貌地、巧妙地把话题转到自己需要的方面。

第三，探讨式引导。发表自己的意见，和对方探讨，以此诱导话题。例如："我认为您说的问题还涉及教师积极性的调动、学生素质的提高、招生制度的改革方面，您以为怎样？"要是对方接过你的话，诱导也就成功了。

（五）以退为进，以守为攻

1919 年 1 月 28 日，中国近代外交家顾维钧在巴黎和会上奋而作辞："孔子犹如西方之耶稣，山东犹如耶路撒冷，中国不能放弃山东正如西方不能失去耶路撒冷。"顾维钧作为国家代表，能够应时而起，以退为进，机智地维护中国山东的主权。

"先退后进"则是说，要先按沟通对象的思维线路和行为途径往前推，一直推到错误处，以此得出结论——此路不通。生活中，我们总会遇到难以克服的困难或无法逾越的障碍，这时，我们是逞一时匹夫之勇，一条路走到黑；还是保持冷静的头脑，调整思路，绕道而行呢？问题看似简单，但真正做起来却非常困难。有时我们看得见目标，距离也不算太遥远，可总是难以实现。这是因为我们总是单单地盯着目标，总想尽快地、便捷地接近目标、实现目标，而忽略了多做些迂回工作，或者说我们没有学会绕道而行，没有在看似无望的时候，换一个角度去试一试，结果只能在碰壁和失败之间徘徊。

在日常交往中，有些人说话直言快语，这种人大多非常真诚。但有时候，沟通的效果并不佳，不仅损害人际关系的和谐，还会造成不必要的麻烦。有时巧妙地绕开中心语题和基本意图，采取外围战术，从基本的事物、道理谈起，即"兜圈子"，往往能收到意想不到的效果。

四、语言沟通的技巧

生活中你可能需要说服别人去你认为最好的饭店吃饭，说服对方与自己合作，与他人建立和谐的人际关系，这些都需要使用语言进行沟通。既然生活离不开语言沟通，那不妨掌握一些语言沟通的技巧。

（一）学会赞美，溢美之词获人心

每个人都希望获得别人的赞美，赞美的话人人都爱听，所谓："好话行千里。"赞美的话能让人愉悦，又可以拉近人们之间的距离，增进彼此的理解和信任。赞美的话也是疏通人际关系的良好润滑剂，可缓解紧张气氛，博得彼此信任，收获朋友之间的关怀。

1. 赞美之词要说到细节上才能打动人。赞美一个人长得漂亮，你说："你长得漂亮。"虽然别人也会开心，但不免让人觉得敷衍。办公室同事穿着新买的衣服来上班，你对她说："哇，买新衣服了啊，好有气场！"这样的话别人觉得你在真正关注她，一定会很开心。

2. 赞美恰到好处，不可太过。你对口才一般的人说："你口才太好了。"别人可能觉得这是一句违心奉承的话，水分太多。如果你说："刚才你的讲话都说到我们心里去了。"会让人觉得你在认真地聆听他讲的内容，对你的好感也会油然而生。

3. 赞美要配合语气。同样的话，不同的语气说出来，效果完全不一样。赞美最适宜肯定的语气，肯定对方就对了。

4. 赞美要合乎情理。赞美要真情实意，要带入感情，比如老年人对小孩子的关爱，上级与下级之间的关心，同事之间的真诚，平辈之间的亲切。赞美融入感情才能感化别人，也才能感受到赞美的温度，否则，只会觉得是敷衍，或者带有什么目的的说辞。

赞美为世间带来美好，也成为人际沟通中必不可少的一种语言，学会赞美，让溢美之词获得生命，为你的生活和工作带来更多的便利。

（二）建立缓冲区

说话的缓冲区就是在与人沟通的时候不直接给出对方想要的答案，而是先组织一些语言进行缓冲，待缓冲过后再给出沟通内容。在工作和日常沟通中，合理建立语言交流的缓冲区，能有效地避免双方语言起冲突，破坏双方沟通的氛围。设立缓冲区有以下几种类型：

1. 赞扬别人的问题问得好，这是对别人问题的肯定，也会让交流的双方有足够的回旋余地。人人都喜欢被赞扬，问问题也不例外，赞扬对方问题问得好，既是对对方的尊重，也是对对方的肯定。肯定他问题的价值，拉近彼此之间的距离，有助于双方有效交流。

一个大一学生咨询老师关于转专业的事情："老师，我想以后转专业，请问下下学期可以转吗？"当时的情况是，学校最新的转专业政策没有下来。老师回答说："谢谢你对转专业问题的咨询，这个问题问得好，说明你上进心很强，希望通过自己的努力调整到最喜欢的专业。但是，从近年的相关政策来看，每年都会有微小的变化，今年最新的转专业政策还没有出来，出来之后，我一定会及时告知大家。"

2. 告诉沟通对象该问题很普遍，很多人都在问。有时，某些问题的答案并非"是"或者"不是"，也不是非黑即白。可能还需要沟通对象根据自己的情况来判断。

在大学生职业规划讲座上，总有同学在提问环节反复提出这个问题："大学毕业后，是考研好，还是就业好？"考研好还是就业更好受到很多因素的影响，比如专业的就业前景，考研者的性格，考研的难度，以及家庭支持等。老师可以回答："谢谢这位同学的提问，这个问题在很多次讲座都有人提出。到底考研还是就业更有出路，没有标准答案，关键要在职业规划、考研难度系数以及行业特点和家庭支持等方面做一个权衡，选择适合自己的就是最好的。”

3. 回答问题前将自己的困境说出来。提前说出自己的困境，表明自己的难处，效果往往比较好。让对方了解你的难处，让对方知道你不是在推诿，接下来的沟通就会更加顺畅。说话缓冲区建立后，再接下相应的工作任务，表示你很重视对方布置的工作。

例如，导师问你：“能在下周把开题报告给我看吗？”你直接说：“不能。”会让导师不解，甚至认为你没有认真对待开题报告的事情。如果你说：“老师，最近我一直在准备期末考试，我一定会抽空完成开题报告的初稿，届时请您多指导，谢谢！”这样一说，导师自然清楚地知道你的实际情况，对你也会给予一定的理解。

回答问题前适当放低姿态并不是坏事，有时候反而能起到很好的效果，先对对方的问题进行评价：“你这个问题确实很有难度，不过我可以尝试着回答……不知道您是否满意。”对方会觉得你很谦虚，即使问题回答得一般，但仍然会对你印象深刻。

（三）回答复杂问语的技巧

复杂问语是一种包含着某种假定的问语，回答复杂问语有以下基本方法：

1. 揭示性回答。即用联言判断回答，揭示其实质。例如：

甲：“你怎么还在公开场合骂人？”

乙：“无论是背地里还是公开场合我都没骂过人。”

2. 答非所问。对提问题者的假定不予揭露，亦不反问，使提问者体面地绕过这个“弯子”。例如，看电视时，妹妹向哥哥撒娇，被哥哥批评了，很不高兴。坐在旁边刚从外地回来的叔叔风趣地问哥哥：“小明，你现在还欺负妹妹吗？”哥哥：“叔叔，您普通话讲得很好，不过仔细听起来，还有点淮阴话的尾音。”大家都笑了。小明对叔叔的复杂问语，不予解答，将话题转到“普通话”上，使大家都不至于扫兴。

（四）偶尔来点自嘲

生活不可能全是严肃的，偶尔来点自嘲，给生活增添一份乐趣，何乐而不为呢？那些善于自嘲的人，在人际交往中往往能如鱼得水。偶尔来点自嘲，会帮你解决难题。我们会遇到很多难题，不同的难题解决方式不一样。偶尔来点自嘲，也会帮助你融洽氛围。在不同的场合来点自嘲，会让氛围更加融洽。自嘲，是一种高级幽默。有时候能让彼此交流更加放松。

主持人小 S 某次在节目里对黄渤说：“你长得很特殊哎。”现场的人都知道小 S 是在调侃黄渤的颜值，但黄渤笑着回答：“一开始长得还挺委婉的，后来就越来越抽象了。”大家顿时笑翻了。这也显示了黄渤的高情商，自黑反而赢得了别人的尊重，彼此之间的沟通也更为有效。

自嘲意味着对自己整体的接纳，既认可自己的优点，也敢于暴露自己的缺点。一个体重较重的人和朋友一起逛街，在超市门口看见一个体重秤，朋友马上跑过去称一下，“又重了！”很不开心地走了下来。这个体重较重的人也去称了一下，结果可想而知，他却没那么不开心，他幽默地说：“我心疼这秤啊！”逗得大家乐呵呵。即使是弱点，也要学会接纳，也可以看得风轻云淡。

（五）批评的艺术

批评是工作和生活中总会发生的，每个人都必须面对。采用什么方式批评，如何艺术地批评，是我们需要掌握的技巧。

根据批评对象来选择批评方式。如果对方心里很脆弱，面子观念很强，对这种人进行批评一定要谨慎，稍不注意就会伤其自尊。对待他们应轻言细语，点到为止。如果对方心胸开阔，不会计较，那语气便可以重些，但也要说到关键点上。无论什么样的批评，一旦伤害别人的自尊，非但不能取得批评的效果，反而会让人记恨在心。

1. 批评的方式

不在公众场合当众批评他人，私下批评效果较好。在公众场合批评人，会让人难堪，事后也可能引起其他人的议论，产生不好的影响。私下批评不仅能让他认识到错误，他更会感激你给了他足够的脸面。一般人都会吸取教训，争取下次不再出现同样的错误。必须要在公众场合批评时，尽量只说事实或现象，不要指名道姓。批评应该就事论事，就事情的发展、起因、错误的关键环节，或者如何采取有效措施来补救，抑或通过此事件应该吸取的教训来谈，不应做过多地拓展。

先表扬再批评也是一种很好的处理方式。任何人都会犯错，但有些错误的出现可能是因为经验不足，我们在批评时应该先肯定对方所作出的贡献，肯定其功绩，不能全盘否定。

切忌背着人进行批评。如果有些话传到被批评者耳中，一般都难以接受，与其这样，不如当面善意指出。背着人批评的话经过多人相传，语义失真，会让人产生一些歧义，反而双方都不开心。

2. 批评的语气

若别人犯了原则性的错误，那应该一针见血，严厉批评。一些非原则性错误，或者小的过错，我们尽量注意语气，采用与他人商议的语气，更容易让人接受，效果也可能会更好。

（六）工作中的语言效率

我们不仅要说话，而且要讲究效率，比如布置工作、谈判以及业务交流，都需要讲究说话的效率。向上级汇报工作时，要抓住重点，让领导全面了解，或者让领导知道他最想知道的内容。就业面试需要推销自我，需要在最短的时间内将自身的优势、特长和专业技能展示给面试官。推销产品时，需要高效地让对方了解认可产品优势，从而购买自己的产品。提高效率就需要掌握说话的技巧，否则，就会给工作带来一些负担，阻碍工作开展。

（七）礼貌语言

使用礼貌语言是尊重他人的表现，是沟通双方心心相印的导线。有位优秀的售票员，每次出车总是“请”字当先，“谢”字结尾。例如：“请哪位同志让个座，照顾一下这位抱婴儿的女同志。”有人让座后，他便立即向让座者说“谢谢”。这样，整个车厢的乘客都感到温暖，气氛和谐，在他的感染下，无人吵架、抢坐。

不用暴力语言。废物、猪脑子、丢人……你不经意的一句话，可能深深伤害了对方。研究结果表明：暴力语言可能成为最平常的杀人武器。

（八）应酬中的控场技巧

在应酬中应学会主动、诚恳、热情、友好、有术地先控制对方，进而控制社交场面。互不相识的两人共同参加一项活动，因时间短，彼此都知道对方，但不甚熟悉。当第二次两人相遇时，以为对方不记得自己了，甲想回避乙，乙却主动诚挚地向甲含笑点头，并热情地问声：“您好！”乙的行为就是在应酬中控制了场面，给对方留下了良好的印象，相信下次见面时，甲便会友好地主动向乙表示问候。

（九）学会共情

共情，就是平常说的将心比心，设身处地体验他人处境，从而感受和理解他人的情感。学会共情，能更好地和他人联结。工作和生活中我们都希望周边的关系融洽，最好的润滑剂就是要学会共情。

首先要能分辨他人的情绪，了解他人的情绪。知道他人的情绪存在什么问题，才能更好地共情。因此，我们要设身处地地了解对方的内心世界，站在他人的角度去思考问题，才能恰如其分地温暖对方。

如何做到从他人的角度去走进他人内心呢？在他人陈述观点时，你可以给观点、找例子。比如：“大学生活真让人迷茫。”这是一个观点，也算结论，你如果帮他找个例子来证明：“是啊，我们每天就是上课，未来毕业后要做什么也不清楚，我们得想办法做点啥。”这个例子，不仅说出了对方的感受，还为你博得了好感。

如果对方说出一些事实，我们可以帮他总结为观点。比如：“我失恋了，心如刀绞。”你可以安慰他：“我理解你的心情，失恋后都有心理阵痛期。”他说出了内心感受，你从心理学的角度给他总结了这个观点，让他更清楚现在的状态，或许能缓解当前的心情。

还有一种情况是对方既说出事实，也说出了相应的观点，并补充了自己的细节。例如，你的同学在这学期考试中挂了两科，他说:“我在高中曾经是我们班的前几名，现在居然沦落到这步了，看来进入大学之后确实迷失了自我。”他已经认识到了问题的严重性，找出了自己的问题:迷失自我。你可以说:“我也有过迷失自我的时候，当年我的高等数学课目补考两次才过，后来，与数学有关的课程我学习得比其他课程更加认真，再也没挂科了。”这样表达能从他的角度来分析你和他有过同样的遭遇，点出了细节，他也会更加相信你的建议。

(十)善意的谎言

小红在某大型企业做办公室文员，性格内向，不太爱说话，也不太了解说话技巧，办公室里的人暗地里叫她“玫瑰公主”，原因是她在与别人说话时，言语里仿佛带着刺。有一次，同部门的小燕穿了件新衣服，其他同事都称赞“漂亮”“合适”之类的。小燕开心极了，走到小红面前说:“小红，你觉得这件衣服怎么样？”小红张口就说:“这衣服不错，但看起来你买小了一码，不太合适。”小燕的脸瞬间拉长，可小红仿佛没看到一样，接着说:“这个颜色也不合适，太鲜艳的颜色把你衬得更黑，你应该选偏暗的颜色。”因为不懂得说话技巧，小红对小燕的穿着做出了自认为客观的评价，却不知当面揭别人的短处，就好似当众扇人耳光一样。

沟通中不要说人的短处，不要说别人“胖”“黑”“矮”“老”“丑”以及生理缺陷等。生活中，面对有些情景，如果讲实话对人、对己、对事都没有好处，不妨说一些善意的谎言，也许效果更好。

(十一)沉默是金，话痨须守口

言多必失。守住口，才会守住自我。守口，不等于不说话，而是要说得合适。合适的话，说的人说得字斟句酌，听的人听得赏心悦目。往前一步，叫健谈。再往前，就成了话痨。多言未必会给自己多带来什么，但少说话，却会为自己赢得更多的主动权。沉默，是强大自我的一种途径，同时，也是呈现给世界的一种态度:理性，克制，有分寸感。

(十二)善用加减法

“遇物加钱”与“逢人减岁”是语言沟通中针对人们普遍心理而采用的两种投其所好、讨人喜欢的技巧。

1. 遇物加钱

遇物加钱是指在品评别人所购物品时，对其价格故意高估。我们都有用“廉价”购得“美物”心理。例如，甲买了一套样式挺不错的西服，乙知道市场行情，这种衣服两三百元完全可以买下。于是乙在品评时说:“这套西服不错，恐怕得四五百元吧？”甲一听笑了，高兴地说:“老兄说错了,我 220 元就买下啦! ”这里乙的说法就很有技巧性,让对方产生成就感。

2. 逢人减岁

由于成年人普遍存在这种怕老心理,所以“逢人减岁”就成了讨人喜欢的技巧了。这种把对方的年龄尽量往小处说的技巧,使对方觉得自己显得年轻,保养有方等,产生一种心理上的满足。“逢人减岁”这种方法只适用于成年人,相反,对于幼儿、少年,用“逢人添岁”的方法效果较好,这是考虑到他们有渴望成年的心理。

(十三)分清楚场合

场合不同,人的心境不同,同样的话语在不同的场合有不同的理解。若是在庄严、肃穆的场合,说话当作儿戏,可能有失权威,即使是很好的话,也会被认作是戏言。因此,在严肃的场合,例如开会、座谈等,一定要注重说话的说理性,表明观点,后加以论述,定能取得实际效果。只表明观点,不加以论述,则不能让人信服。

非正式场合,比如亲朋好友之间说话,则不必拘泥于形式,但不可故作姿态,放低姿态,与人推心置腹地说话,方能取得对方的好评。

(十四)询问的技巧

询问是访友待客中相互学习、交流信息和感情的重要方法。

(1)问小少问大。访友待客的交谈都是即兴式的,事先大多不做什么准备。所以,以小问题为宜。大问题往往会给对方“将一军”,使谈话陷入僵局。

(2)问熟少问生。任何人都不可能精通百科,知晓各业,应该问对方熟知的某一领域或某一专题的问题,择其所长,进行交谈,一定会使对方谈兴大发。

(3)问近少问远。多问对方的近况和新近发生的事情,对那些久远的或难以估量的问题少问,这样有利于交谈的顺畅进行。

(十五)说笑话的技巧

首先,说笑话首先应简洁明朗。一个笑话的焦点,大都在末后一两句,你要使听者在听到末后两句时,还是精神饱满,才易引起反响。因此笑话最重要的是传神,能一气呵成才算精彩。

其次,在讲到可笑的“焦点”时,要急转直下,不可故意卖关子。笑话本身大多很简单,若在达到“焦点”之前,插入些无谓的话,反而将其催笑的力量减弱。叙述应声音清楚,快慢适度,否则听众很难有明确印象。

最后,有些笑话不甚文雅,在陌生人面前要先行考虑,异性面前尤需谨慎,不可逞一时之快,致使旁人难堪。

五、语言沟通的禁忌

（1）不炫耀自己：不炫耀自己的能力或成就，即使你说的是事实，且毫无夸张的成分。人人都有攀比心理，都希望高人一等，在别人面前炫耀自己，会让人产生不如你的感觉，对方会很不高兴。

（2）不贬低他人：不恶语伤人、不要挖苦、讽刺、打击别人。

（3）不否定他人：尽量不使用否定性的词语，例如："我不同意你今天去北京。"这句话，我们可以说："我希望你重新考虑一下今天去北京的想法。"

（4）不表示怀疑：不怀疑别人的能力；不怀疑别人的动机。

（5）不针锋相对：不与人针锋相对，避免不必要的争论。

（6）不揭人短处：人人都有遮丑护短心理。

（7）不戳穿别人：不要轻易戳穿别人说话做事的目的和动机，特别是不良动机，自己心里有数就行。

（8）不轻易建言：慎重给人提建议，在没有征得别人同意时提建议，无论这些建议有多好，或者你的初衷有多高尚，都有可能遭到拒绝，你们之间的关系也会受到影响。

（9）不背后议论：不背后议论别人的短处、特别是别人的人品。

（10）不打断别人的话：任何人都不希望自己在说话的时候被别人打断，打断别人的谈话，是不尊重别人的表现。

本章小结

语言是一种用来交流思想、表达感情以及传递信息的重要符号，是人类最重要的交际和思维的工具。语言沟通是人们使用语言进行表情达意的活动，是以思维和沟通为基本功能的行为。语言沟通具有政治功能、社会功能、人际交往功能、信息获取功能和决策功能。语言沟通主体、技巧以及对象影响语言沟通的最后效果。

"自我中心型""自我封闭型""自私自利型""无效沟通""网络沟通"是大学生在日常沟通中的常见问题表现。影响沟通的因素是多方面的，包括来自家庭教育、学校教育、社会影响以及价值观的影响。

我们要遵循知己知彼、合作共赢、善用策略三大语言沟通的原则，掌握日常生活中常见的语言沟通技巧和沟通禁忌，采用积极、正向的语言沟通方式。在不同的情境下，根据语境的发展采用不同的语言沟通策略，善于"开启话题，把握方向""营造气氛，善于倾听""情真意切，融理于情""充分说理，循循善诱""以退为进，以守为攻"。

复习思考题

1. 请简要论述语言沟通的定义。

2. 结合大学生日常生活实例来说一说大学生语言沟通的常见类型，包括正面的和负面的例子。

3. 请简要论述语言沟通的三大原则。

4. 请举一个生活中的实例来说明“以退为进，以守为攻”的语言沟通策略。

5. 在班委竞选中，你与室友两人竞选班长一职，你有幸胜出而室友落选，你如何安慰和鼓励你的室友？

第六章
现代礼仪

2008 年，汶川地震，意大利红十字会和医学会派出 14 名专家到绵阳，挽救了 900 多人的生命。2020 年，新冠肺炎疫情席卷全球，中国派出抗疫医疗专家组一行 9 人，携带 31 吨医疗物资，驰援意大利。❶ 中国企业也对意大利援助物资，同时在物资上张贴着诗句“云海荡朝日，春色任天涯”，这是中国明朝文学家李日华赠送给意大利传教士利玛窦的诗文。❷以此希望意大利的疫情早日过去，真正的春天早日来临。这句诗文的背后也饱含了中国人民“投我以木桃，报之以琼瑶”的礼仪文化传承，体现了中国人民的深情厚谊。国与国之间礼尚往来，人与人之间，也是如此。其实，在华夏五千年的文明历史中，礼仪早就渗透于我们的工作、学习和生活的方方面面。如何穿衣打扮，如何用餐，如何谈吐，甚至如何站立，不要放过任何一个细节，因为它表明了一个人的身份和素养。

第一节　现代礼仪概述

礼仪是随着社会的进步而逐渐形成的，也是人类文明的产物。早在几千年前，礼仪的活动就已经出现，礼仪是人们进入现代社会文明的“通行证”，是一个国家、一个民族不断摆脱愚昧无知、野蛮落后，走向文明进步的标志。礼仪作为人们生活和社会交往中约定俗成的规范，人们通过它可以正确把握与他人交往的尺度，处理好人与人之间的关系。本节主要讲述礼仪的起源与发展、概念及特点、规律与原则、分类及意义等方面内容，以期对礼仪有一个初步的认识和了解。

一、礼仪的内涵与发展

中国的礼仪文化博大精深、源远流长。在华夏五千年的文明历史中，礼仪早就渗透于社会生活的方方面面，已经成为维系血缘纽带、协调人际关系、维护社会秩序的重要手段。❸

（一）礼仪的源起和发展

在西方，礼仪源于法语 Etiguette，本意为“法庭上的通行证”，随后，礼仪一词被导入英

❶ 中国医疗队助各国抗疫：秉持人道付出真心 [N]. 香港文汇报，2020-03-16.

❷ 有一种温暖叫中国援助 [N]. 银川晚报，2020-03-25.

❸ 徐爱华．论企业礼仪文化的功能与构建 [J]. 现代营销·营销学苑，2011.

文，扩大了原先的含义。礼仪英文为 Eitquette 或 Protocol，是指社会生活、外事礼节或行业中应当遵守的规矩、章程。于是，法庭通行证演变成为人们社会交往的共同行为规范。❶

1. 西方礼仪的发展经历了三个时期

首先是古希腊罗马时期（公元前 5、6 世纪）：美德与礼仪结合。古希腊是西方文明的发源地，也是西方礼仪文明发展的发祥地。在这一时期，古希腊罗马涌现出大量的哲学家、思想家、理论家和艺术家，他们探讨道德、礼仪以及用餐规矩，同时在科学、艺术等领域也取得了重要成就。

然后是中世纪时期（约公元 476 年—公元 1453 年）：神学统治与烦琐等级礼仪。中世纪是神学统治的时代，神学为建立和维护封建的等级制度形成了与其相适应的严格而烦琐的礼仪，较有影响意义的礼仪有“皇家宫廷礼”“臣服礼”“骑士礼”等。

最后是近现代西方礼仪：追求自由、平等与务实、自尊。西方资本主义制度逐渐取代了森严的封建等级制度，同时继承了封建制度的礼仪文化，建立起以维护资产阶级思想、关系和利益的礼仪规范。

2. 在中国，礼仪起源于原始社会人类对自然界神秘感的敬畏和对祖先的信仰

进入奴隶社会和封建社会后，礼仪有了书面的记载，并带有鲜明的阶级色彩。我国古代最早、最重要的礼仪著作是西周时期的《周礼》《礼记》《仪礼》合称为“三礼”，对后世影响很大。春秋战国时期的孔子、孟子、荀子等诸子百家，也对礼仪进行了进一步的研究和讨论，并提出了自己的观点。

孔子在《论语·雍也》篇中说：“质胜文则野，文胜质则史。文质彬彬，然后君子。”即一个人如果依照其质朴的本性而行，不依靠文化教养来约束自己，就显得过于粗鲁。而如果过度居于礼法，就会显得流于表面，只有既注重本性又注重礼法，才是一个有教养的人。所以现在也经常会用文质彬彬来形容一个人绅士，有礼貌，有修养。孔子提倡礼治，把礼仪视为社会道德的规范和准则。孔子在《论语·颜渊》中告诫弟子：“非礼勿视，非礼勿听，非礼勿言，非礼勿动。”意在教导弟子要懂得克制，不符合礼法的不去看、不去听、不去说、不去做。孟子认为：“恭敬之心，礼也。”即发自内心地尊重别人，保持诚恳谦恭的心态，才称作礼，并把礼作为人本善的发端之一。荀子则把礼当作人生的最高理想和目标。他说：“礼者，人道之极也。”他在《荀子·修身》中称：“人无礼不生，事无礼则不成，国无礼则不宁。”由此可见，礼不仅是古人道德思想的精髓，也是治国安邦的战略。❷

到了现代，礼仪发生了深刻的变化，成了人们社会交往中共同遵守的行为规范和准则。

---

❶❷ 孙金玲．社交与商务礼仪学 [M]. 长春：吉林人民出版社，2006.

（二）礼仪的概念和特点

礼仪，分开来看这两个字，说文解字中写道:“礼，履也。”指尊重他人的一种观念。“仪，度也。”指表达这种观念的形式。礼仪的核心就是尊重，它是生活中的规则，是人际交往中的准则，是社会活动的规范。

1. 礼仪的概念

礼仪是人们在社会生活中为了表达尊重，在交谈、举止、服饰、宴饮等方面共同认可、约定俗成的准则与规范，着重体现一个人对他人和社会的尊重与认知水平，是一个人自身修养、品质和学识的表现形式。❶

2. 礼仪的特点

礼仪作为一种约定俗成的规范准则，与其他社会规范相比，具有自己的特点。

（1）礼仪具有时代性。礼仪与时俱进，随着时代的发展而变化，每个时代都能反映与之相适应的礼仪的发展面貌。

（2）礼仪具有国际性。世界各国的礼仪除具有自身特点以外还具有共通性，即共同遵守的准则规范。

（3）礼仪具有差异性。每个国家、地区和民族都具有自身的特征，礼仪有共通的，更有特殊的，因此也与生俱来存在一定的差异。

（4）礼仪具有继承性。礼仪随着社会生产力的发展，社会生活、生存环境的改变而不断得到发展和完善，批判性的继承传统礼仪的精华和长处。

二、现代礼仪的原则及分类

丰富多彩的礼仪活动和多种多样的礼仪规范都要遵循一定的原则。只有认清其基本原则，才能更全面深刻地理解礼仪。

（一）现代礼仪的基本原则

原则是做人做事的基本准则，现代礼仪在不断的社会发展和实践中，也形成了必须遵循的基本原则。

1. 尊重原则

尊重是礼仪的核心，在不同类型和场合的人际交往中，无论对方的身份、地位、穿着、长相如何，都应该彬彬有礼，一视同仁，尊重对方的人格，律己敬人，不卑不亢。

---

❶ 宋霞 . 试论礼仪的起源、发展、特征和原则 [J]. 现代交际，2011.

2. 遵守原则

包括遵守公共道德、待人真诚友善、遵时守信、与人交往谦和。

3. 自律原则

时刻以礼仪的规范和准则严格要求自己、约束自己的行为，在潜移默化中升华自己，成为一个修养好、情操高的人。

4. 适度原则

在人际交往和沟通时，把握彼此之间的尺度，不过分也不过火，选择与当时场合、环境相适应礼仪准则，以建立友好、和谐、长久的人际关系。

（二）现代礼仪的分类

礼仪作为现代人共同遵守的社会规范，关乎社会生活的方方面面，同时也广泛适用于各种场合，根据时代特征、适用对象、适用范围的不同，将现代礼仪分为五类：

（1）生活礼仪，指人们在日常生活中应当遵循的行为准则。包括招呼、问候；赞美、致谢；拜访、探访；看演出、影剧；邀请、请柬；旅游、观赏；送鲜花的礼仪；着装原则等。

（2）节庆礼仪，指节日礼俗仪式规范。我国的传统节日主要包括除夕、春节、元宵、清明、端午、七夕、中秋、重阳等。其他国家如泰国的泼水节，巴西的狂欢节，美国的万圣节等。

（3）商务礼仪，指公司、企业的从业人员以及其他一切从事经济活动的人士在商务交往中所讲究的规范准则。包括个人形象；言谈举止；接待访问；礼品往来；谈判签约；开业剪彩；庆典、发布会；用餐等。

（4）职业礼仪，指人们在职业场所中应当遵循的一系列礼仪规范。包括求职准备；见面、介绍；举止、应答等。

（5）公务礼仪，指国家机关工作人员在执行公务时所讲究的礼仪规范。包括会面；会务；公务往来；外事出行等。

三、礼仪教育的意义

古往今来，大家都认为礼仪在人的一生中具有重要意义。古人称礼为“经国家、定社稷、序民人、利后嗣者也。”《左传·昭公十五年》，孔子更是认为“不学礼，无以立”。即将礼仪作为一个人安身立命的生存之本。

约翰·洛克也认为：“没有良好的礼仪，其余的一切成就都会被人看成骄傲、自负、无用和愚蠢。”有时不懂礼仪不懂尊重，可能会犯下相当严重的错误。比如，鞌（音义同鞍）之战，它是中国历史上春秋时期齐国和晋国之间发生于公元前589年六月十七的一场战斗。当时，晋国的执政卿士郤子为报齐王戏辱之仇，借鲁、卫求援之机，发兵攻齐，并最终取得胜利。

由此看来，礼仪无论是在生活中，还是在“战场”上，都扮演着重要的地位和作用。

（一）礼仪教育的作用和意义

礼仪是生活中的规则，是人际交往中的准则，是社会活动的规范。礼仪与我们每个人的关系，就如同水和鱼之间的关系，鱼离不开水，人也离不开礼仪。正如古人所讲：无礼仪之国家，无礼仪之民族，无礼仪之人民，就如无水之鱼，无本之木，缺少了这些最根基的东西。

大学阶段是形成正确人生观、价值观的关键时期，学习礼仪知识，对于青年学生继承我国优秀传统文化、满足自我发展需要、建立良好的人际关系、增进社会化进程、提高思想道德修养等具有积极的现实意义。《论语》子夏曰：“贤贤易色；事父母，能竭其力；事君，能致其身；与友交，言而有信。虽曰未学，吾必谓之学矣。”即对待妻子，不注重外在的容貌而看中内心的贤德；竭尽自己的所有孝敬父母；服侍君主，鞠躬尽瘁，不逃避、不退缩；结交朋友，诚实信用。如果能做到这些，虽说他没有学问，我也一定会说这个人是有真学问的。❶

礼仪教育是促进大学生成长成才全面发展的迫切需要。礼仪教育对于当代大学生的成长成才具有重要作用，礼仪教育有助于修正大学生行为习惯。礼仪教育能助力大学生塑造良好形象，提升个人自信心。礼仪教育不断推动大学生社会化进程，增强其心理承受力和社会竞争力，对大学生就业起到良好的促进作用。

（二）礼仪与情商

礼仪和情商都是促使大学生成长成才的教育手段。

礼仪教育与情商教育之间存在密切联系。礼仪是情商教育的重要一课。礼仪教育是情商教育的起点和基础。商务礼仪、生活礼仪等具体的礼仪规范，就是对情商教育内容要求的分解和细化，进而转化为具体的、可操作的礼仪规范。

礼仪教育是情商教育的重要实践途径。礼仪教育是情商教育的有效补充，让情商教育更具操作性、实践性和丰富性，情商通过礼仪不断完善个人的道德品质和个体个性的形成。在礼仪实践中，通过提高礼仪认知、培养礼仪情感、锻炼意志和促使养成良好的礼仪行为习惯，从而将情商教育中的“行”更好地落实。

第二节　个人礼仪

1960 年 9 月，尼克松和肯尼迪进行总统竞选的电视辩论。当时，这两人的名望和才能不相上下，可谓棋逢对手。但大多数评论员预测，素以经验丰富的“电视演员”著称的尼克

❶ 张步云，张立华，张楚乔．国学讲坛 [M]. 北京：现代教育出版社，2010.

松，可以击败缺乏电视演讲经验的肯尼迪。然而事实并非如此。肯尼迪事先进行了练习和彩排，还专门跑到海滩晒太阳，养精蓄锐。果然，他在屏幕上精神焕发，满面红光，挥洒自如。而尼克松没有听从电视导演的规劝，加之状态十分劳累，更失策的是面部化妆用了深色的粉，因而在屏幕上显得精神疲惫，面容憔悴，萎靡不振。正如一位历史学家所形容："他让全世界看来，好像是一个不爱刮胡子和出汗过多的人。"[1] 结果，尼克松以美国历史上最微弱的竞选差额失败了。

《礼记·冠义》中谈道："礼仪之始，在于正容体，齐颜色，顺辞令。"做一个举止合乎礼仪的人，才会在生活和工作中建立起互相尊重，彼此信任，友好合作的关系，才会扶摇直上，成为职场高手。在现代礼仪中，个人着装在个人形象的塑造上起着相当重要的作用，所以千万不要忽视对于自身形象的要求。

有一句话是，你永远没有第二次机会给人留下美好的第一印象。一个人的形象，其实就是自己的第一张名片，也真实体现了这个人的教养和品位。同时，从形象也可以看出这个人的精神风貌与生活态度。

一、容貌礼仪

有人做过实验：一个人穿着不同的衣服出现在同一个地点时，得到的反馈也不同。当他身着西服套装以绅士的打扮出现时，无论是向他问路、还是向他打听事情的陌生人都彬彬有礼，显得颇有教养；而当他装扮成流浪者模样出现时，接近他的人多是无业游民。[2] 尽管不能以貌取人，但人靠衣装这句话的确不假。请大家先做一个自查，看自己的形象是否有需要改进的地方。

（一）容貌的修饰要求与技巧

1. 男士容貌要求

（1）发型发式

前发不覆额，侧发不掩耳，后发不及领。

要勤洗头，衣服肩上的头皮屑要抖掉。

（2）面部修饰

面不留须（最好每天刮胡子），常剪鼻毛。

[1] 卢正平，高雯雯．现代礼仪 [M]. 西安：西安交通大学出版社，2018.

[2] 周芙蓉．礼仪教程 [M]. 北京：中国长安出版社，2003.

2. 女士容貌要求

（1）发型发式

时尚大方，美观得体；保持头发的干净、整洁。

（2）面部修饰

清新淡妆，妆成有却无。

①化妆程序。

清洁：使用洗面奶，清洁肌肤，避免粉刺、黑头。

护肤：区分油、中、干性肤质，涂爽肤水、眼霜、精华、面霜、防晒霜、隔离霜。

打底：与肤色保持一致，切勿“泾渭分明”，可用粉底液或者 BB 霜、CC 霜，遮瑕膏。

扑粉：扑干粉或者散粉，轻扫，不宜过厚。

眉的修饰：眉形的确立、眉峰、画眉，使用眉笔或者眉粉。

眼睛的修饰：眼影、眼线，使用眼线笔和睫毛膏。

脸颊的修饰：使用高光或者修容粉、腮红。

涂唇：打底、画唇，使用口红。

②化妆还需注意以下几点。

化妆视时间场合而定，如工作时化淡妆。浓妆适用于演出或出席晚宴。

不当众化妆或者补妆。

不借用他人的化妆品。

适度涂抹香水，不要用量过多，以免香味刺鼻。

丧吊场合不可浓妆艳抹，也不宜抹口红。

（3）首饰装饰

配饰不要过多（手表、眼镜、戒指、包包、围巾、耳环、项链、胸针等最多六样，同时材质最好一致）。

除此之外，男女都应保持牙齿的清洁，进餐后，条件允许可以刷牙，或者到卫生间检查牙齿上是否粘有异物，清洗口腔。切忌当着别人的面剔牙，可以用手掌或餐巾纸掩住嘴角。

手指甲的清洁也必不可少。要经常修剪指甲，指甲的长度不应超过手指指尖，不在公共场合修剪指甲，注意及时清理指甲中的异物。

（二）大学生仪表要求

试想一下，如果一名大学生披着红色的卷发，画着大浓妆，穿着吊带裙，踩着高跟鞋，去教室上课，会给人留下什么印象？这绝不是一个大学生该有的形象。

俗话说，学生要有学生的样子。大学生还在求学阶段，应该遵守学校的文明礼仪管理规范，青年大学生活泼可爱、有个性、有热情，对于大学生的仪表，应该本着端庄大方、自然质朴、朴素整洁的原则。

服饰可以色彩鲜明、线条流畅、明快简洁，充分显示大学生的朝气蓬勃。但不要穿着奇装异服，也不要浓妆艳抹，佩戴金银首饰，不宜穿中、高跟鞋。女生不穿吊带裙、露脐装和超短裙，男生夏天不要穿背心、打赤膊，或穿短裤、拖鞋，或歪戴帽子在校内走动。对于发式的要求，男学生最好是整洁、干净的短发，不留长发，不蓄胡须；女学生发式可以多样，但尽量不要染颜色怪异的头发，或者奇形怪状的烫发。

二、着装礼仪

《弟子规》要求："冠必正，纽必结，袜与履，俱紧切。"对于现代的着装，也是如此。如果一个人衣冠不整，鞋袜不正，有谁会亲近这样的人呢。衣着打扮，必须适合自己的职业、年龄、生理特征、所处环境和交往对象的生活习俗来进行选择，做到美观整洁，大方得体。[1]

（一）着装原则

一般而言着装讲究原则，即区分时间、环境、时令、时代，目的、对象，地点、身份、职业和场合。具体可参考以下几点：

扬长避短：要会遮丑，如长脸不适合穿 V 领；脖子短，不适合穿高领衫等；

遵守成规：特定行业和职业要穿制服、工作服；

区分场合：办公场所要保守、社交场合可时尚个性、休闲场所舒适自然即可；

符合身份：注意区分男女之别，长幼之别，民族之别。

（二）男士着装礼仪

男上着装全身穿着要限制在三种颜色之内。

鞋子、皮带、公文包一个颜色。

西服和领带搭配：深浅交错。浅色西服配中深色衬衫和深色领带；深色西服配浅色衬衫和亮色领带。

男士可配备两套这样的行头：黑色、咖啡色或深褐色，百搭。针对男性穿西服，抬起手臂时，衬衫袖口也应露出西服袖口外 1.5cm 左右，以保护西服的清洁。男士西服下面的扣子是不扣的，单排西装扣讲究扣上不扣下原则，两粒扣的只扣上面一粒或全部不扣，三粒扣的扣上面两粒或中间一粒，不可全扣。背心也是一样，双排扣的背心和西装都要全扣，以示尊重。

衬衫和领带的要求：衬衣的下摆一定要塞到裤腰里；站立时，领带的长度及皮带或长于

---

[1] 关月玲．校园人际交往与校园礼仪 [M]. 西北农林科技大学出版社，2013.

皮带扣下端 1 ～ 1.5cm。

对于领带的选择，不同图案的领带代表不同的个人风格。斜纹：果断权威、稳重理性，适合谈判、主持会议、演讲的场合。圆点、方格：中规中矩、按部就班，适合初次见面和见长辈上司时。不规则图案：活泼、有个性、创意和朝气、较随意，适合酒会、宴会和约会。❶

同时，男士穿着一定要将衣袖商标摘掉；不穿丝袜、尼龙袜或者白袜，穿白西装、白皮鞋时才能穿白袜子；着正式西服时应穿深色棉袜（如黑色）为宜。穿夹克不要打领带，皮带上面不要挂钥匙、挂手机，正式西服不应配休闲鞋，黑色的皮鞋搭配任何西装都没错，浅色的皮鞋只能搭配浅色的休闲西服，鞋子保持干净，不要有破损，男士在正式场合不穿背心、拖鞋。

（三）女士着装礼仪

云想衣裳花想容，和单一稳重的男士着装相比，女士的服装样式往往比男士的要多，女士的正式服装包括西服套装、旗袍、民族服装和连衣长裙等。女士着装以整洁美观、稳重大方、协调高雅为总原则，服饰色彩、款式、大小应与自身的年龄、气质、肤色、体态、发型和职业相协调、相一致。❷

女士得体的穿着，可以提升个人的气质和气场。不要在正式场合穿过于暴露的衣服如吊带装、露脐装，也不要穿渔网袜、短皮裙。

三、言谈礼仪

一次，小郭在北京的胡同里迷路了，就想去找人问一下路。见到一个人就直接说："我问一下，新街口怎么走咯？"见别人没反应，又走上前继续重复了一遍："我问一下，新街口怎么走咯？"对方回答："你跟我说话哪？"小郭笑呵呵地回答："这里又没有其他人。"对方回答："出门前，家里人没教你怎么叫人吗？"小郭回答："大爷，对不起了。"对方回答："你看我像你大爷吗！"

上述例子看上去就是简单的问路，实际上关乎言谈礼仪。没有问候，没有称呼，给人的感觉是不懂规矩、不懂礼貌。

所谓言由心生，言谈是人际交往中表达思想、交流情感、沟通信息、增进彼此了解的重要方式，言谈礼仪也是一个人礼仪形象的重要体现，反映一个人的思想品质，道德修养。人际交往，礼貌当先，与人交谈，问候当先。

❶ 邹春霞，杨桂，李龙，申爱民，陈可．大学生职业发展导航 [M]. 重庆：重庆大学出版社，2015.

❷ 吕彦云．现代实用礼仪 [M]. 北京：清华大学出版社，2014.

（一）问候

问候是与人相见时，用言语或者肢体动作向他人表达善意的一种致意方式。常见的问候分为：口头问候；书信问候；贺卡或明信片问候；电话问候；送物致意。❶日常生活中常以微笑、点头、举手、欠身、脱帽等动作问候朋友。遵守的基本规范是：男士首先向女士致意；年轻者先向年长者致意；学生首先向老师致意；下级应当首先向上级致意。

一般而言，在不同时间可以用不同的问候语，比如：10:00之前用早上好；10:00—12:00用上午好；12:00—14:00用中午好；14:00—18:00用下午好；18:00—21:00用晚上好。谨记十字文明礼貌用语：问候语——你好；请求语——请；感谢语——谢谢；抱歉语——对不起；道别语——再见。

在言谈中，我们多用“请”和“谢谢”，记住工作和生活中“请”字不离口、“谢”字随身走。同时态度要谦虚诚恳，多用“您”“请您”。场合不同，问候语也不同。对于初次见面的人，要说“您好”“很高兴认识您”“见到您非常荣幸”等。如果对方是有名望的人，也可以说“久仰”“幸会”。对于熟悉的人，用语可以亲切、具体一些，如“亲爱的朋友，又见到你了”。对有工作往来的人，可以使用称赞语，“你气色越来越好了”“你越长越漂亮了”等。❷

同时，在问候时，可称呼对方为先生或者女士。当然，有学识渊博、道德高尚、人们交口称赞的德高望重的女士，我们也称为先生，如宋庆龄先生，杨绛先生等。

下表是传统约定俗成的礼貌谦辞。

初次见面应说：幸会	请人解答应用：请问
看望别人应说：拜访	赞人见解应用：高见
等候别人应说：恭候	归还原物应说：奉还
请人勿送应用：留步	求人原谅应说：包涵
对方来信应称：惠书	欢迎顾客应叫：光顾
麻烦别人应说：打扰	老人年龄应叫：高寿
请人帮忙应说：烦请	好久不见应说：久违
求给方便应说：借光	客人来到应用：光临
托人办事应说：拜托	中途先走应说：失陪
请人指教应说：请教	与人分别应说：告辞
他人指点应称：赐教	赠送作品应用：雅正

（二）合理选择话题

亚里士多德曾经提出，言谈由谈话者、听话者、主题等三个要素组成。因此在言谈礼仪中要注意兼顾这三要素，先来看看如何选择合适的主题，才能让交流显得自然愉悦。

建议多谈及一些安全轻松的话题，比如：历史、建筑、影视、体育、美食、天气等话题。同

❶ 安世全. 职场关键能力[M]. 北京：人民邮电出版社，2012.

❷ 《锤炼兵头将尾》编委会. 锤炼兵头将尾铁路班组长管理知识读本[M]. 北京：中国铁道出版社，2015.

时在言谈中做到五不问：不问健康、不问年龄、不问婚姻、不问收入、不问经历。六不谈：不非议党和政府、不涉及国家机密和行业秘密、不非议交往对象（散布谣言）、不背后议论他人（分手话题）、不涉及个人隐私（家庭生活）。用“我说明白了吗？”代替“你听懂了吗？”用“是的，对的，没错”代替“你说呢”。

千万不能因没有正确区分场合、言辞不当而造成自身损害。例如发生在某职工宿舍的冲突：宿管小红在查寝室时不慎将张某的茶杯打翻在地，茶水洒落一地，还没来得及清理，张某就骂小红：“走路都不长眼睛吗？”小红十分委屈，辩解了几句。见她回嘴，张某更加恼火，骂得更加厉害。舍友小李看不过去，劝了一句：“哎，算了吧，你一个大男人，何必为这种小事斤斤计较！”“关你什么事，要你出头！她是你什么人啊？”张某气没打一处来，张口就骂：“你们这对‘狗男女’！”小李也气不过，一拳就打了过去。两人迅速从口角之争上升到拳脚相见，后经鉴定，张某将小李的鼻骨打成粉碎性骨折，因涉嫌故意伤害罪，张某被检察院审查起诉，并对小李进行道歉和赔偿。

四、举止礼仪

弗兰西斯·培根在《人生论·论美》说：“就形貌而言，自然之美要胜过粉饰之美，而优雅的举止又胜于单纯的仪容之美。”仪态美的精华就是从容优雅的举止。

（一）举止礼仪的重要性

某公司总经理王某应邀和某国外知名企业签订合作协议，在双方进行最后的细节谈判时，王某最终放弃了此次合作。事后，下属问王总为何选择不与对方合作时，王某说：“对方公司不错，也很有诚意，但是跟我谈判的这个领导一直在抖着他的双腿，我觉得还没有跟他合作，我的财都要被他抖散掉了。”抖腿，是一种不文明的行为举止，在正式场合，这种不自觉的不良习惯可能会对事业的成败起关键性作用。

都说“三千威仪，八万细行”。行为举止即是人的站、坐、行、手势动作、面部表情等身体语言，在人际交往中，优雅的行为举止，潇洒的气质风度，体现了一个人的精神状态和礼仪素养。

（二）基本的举止礼仪

在行为举止中讲究端正地站：站如松，像松树一样挺拔；稳重地坐：坐如钟，像钟一样稳；优雅地走：行如风，如风走路。

1. 站姿

标准的站姿是：上身笔直，抬头，挺胸收腹、双肩放松、双臂自然下垂；两腿并拢站直、肌肉略有收缩，两脚并齐，脚跟靠紧，脚掌分开成 V 字形；眼睛平视前方，嘴角微闭，面带微笑。

站立时身体像松树一样挺拔、稳重，站累时脚可以向后撤半步，呈丁字形，不可把脚向前或向后伸得过多或叉开很大。上半身不前后、左右摇摆。❶

2. 坐姿

一般在入座时，腰背挺直，肩放松，双膝靠拢，双脚并齐，双手自然放在大腿上，坐满椅子的 2/3，身体稍向前倾。女士坐姿可以采用侧腿式、前交叉式，尽量不穿短裙，以防走光。入座后也尽量不要抖腿，以防给人留下不好的印象。

3. 走姿

无论是在日常生活中还是在社交场合，正确地走也能表现一个人的风度和活力。正确走姿是：上身正直，挺胸收腹，跨步均匀，两手自然摆动，身体整体向前移动。女子穿高跟鞋走路时，切忌驼背、膝盖打弯，背要挺直，膝盖伸直。

4. 微笑

俗话说："伸手不打笑脸人"。汪国真的一首诗里写道："生活里不能没有笑声，没有笑声的世界该是多么寂寞。什么也改变不了我对生活的热爱，我微笑着走向火热的生活！"微笑是一种国际礼仪，是人际交往中的润滑剂，人类最富有魅力的语言。微笑，是女性最重要、最美丽的妆容；微笑，是男士良好修养的最佳体现。

微笑的含义：自信的表现、礼貌的象征、友好的表露、真诚的折射、健康的反映。微笑的意义：心境良好、充满自信、真诚友善、乐业敬业。一个人予你微笑，能体现出他的热情和修养，同时也能带给双方好的沟通氛围，从而加深双方的第一印象。

5. 眼神

都说眼睛是心灵的窗户，在与人对话时，应该有眼神的交流，以视尊重。一般目光可以自然注视在对方脖颈以上区域，可以是眉毛、额头、鼻子、嘴巴等三角区域；切忌不要一直盯着对方的眼睛看，在问候或者握手时，则双方应该有眼神的交流。目光是否运用得当，直接会影响沟通的效果：比如视线向下看，表示权威和优越感；视线向上表示服从和任人摆布；视线水平表示客观和理智。同时要尽量避免不良的举止礼仪和习惯，如玩弄领带，挖鼻子，抚弄头发，掰关节，双手忙个不停；该正视时，目光游移不定，上下打量；女生不要双腿分开、叉开腿坐；男生不要含胸驼背、抖腿、跷二郎腿。

第三节 常见的现代礼仪

孔子说："恭而无礼则劳，慎而无礼则葸，勇而无礼则乱，直而无礼则绞。"即：一味恭敬而

---

❶ 郭学贤 . 现代礼仪 [M]. 北京：北京大学出版社，2013.

不懂礼法就会烦恼忧愁；过于谨慎而不懂礼法就会胆小拘谨；只知道勇敢而不懂礼法就会鲁莽闯祸；心直口快而不懂得礼法就会尖刻伤人。[1]可见一味的恭敬、谨慎、勇敢、直率，如果没有礼的约束，没有礼的规范准则，会造成人际关系的紧张，影响正常和谐的人际交往。因此，了解一些常见的现代礼仪，是自己进入社会、走向成功的重要基石。

有一个真实的公务员面试的例子，候考室里的果皮纸屑，如果谁能留意并捡起来，可以为自己的面试加分。拿破仑•希尔曾说："世界上最廉价而且能得到最大收益的一项特质，就是礼节。"

一、学校礼仪

学校作为教育学生、培养学生的摇篮，肩负立德树人的重要使命，校园礼仪则是学校文明校风的重要标志，也是学校师生员工在人际交往中的行为规范。

（一）尊敬师长

有一个成语典故：程门立雪，旧指学生恭敬受教，现指尊敬师长。比喻求学心切和对有学问的长者的尊敬。说的是一个叫杨时的好学之人，遇到了难题，想与同学游酢一同拜见程颐，而当时程颐正在午休，为了不打扰老师休息，他们一直恭敬地站在门外等候，当时天上正下着鹅毛大雪，等老师醒来时，门外的雪已经一尺多深了。而他们的身上也都飘满了雪。后来"程门立雪"成为广为流传的尊师典范。

学生，作为祖国建设的栋梁，未来的花朵，应当尊敬老师，团结同学，勤奋自强。进教室上课时轻轻地关门，不要重重地摔门，以免影响老师上课和其他同学学习。遵守课堂纪律，上课认真听讲，不玩手机，同时将手机调成振动或者静音状态，以示尊重。不在课堂上吃东西，不迟到早退，上课认真听讲，积极回答老师问题。

还有关于敲门的礼仪，不知道同学们去老师办公室是否有敲过门？有同学可能会说，老师办公室的门是开着的，不用敲了！其实不是，办公室的门不管是开着还是关着，学生都要养成敲门的习惯。最绅士的做法是由轻到重敲三下，得到允许后，再进去。如果你都敲了几下了，还是没有答应，那可能是办公室真的没有人。敲门，其实是表示一种询问："我可以进来吗"，或者表示一种通知，提醒一下对方："我要进来了"。当然，走的时候，随手带上门，虚掩或是轻轻地关上，以示礼貌。

（二）爱护学生

老师和学生，是学校的主角，老师作为人类灵魂的工程师，应当言传身教，教书育人，以

[1] 金雅丽．一看就懂的职场礼仪全图解 [M]. 北京：北京理工大学出版社，2015.

身作则。教师在着装上应该与自己的身份相匹配，衣着整洁、端庄、大方，不要打扮得油头粉面，花枝招展；举止稳重，落落大方，不抖腿，不随地吐痰；遵守课堂纪律，上课时不抽烟、不打电话，不迟到、不早退。如果老师要找学生谈话时应做到：选择合适的谈话地点，比如教室、办公室等，最好有第三方证人在场，避免引起不必要的麻烦和误会，同时平等对待学生，关爱学生，耐心解答学生的问题，一视同仁。

（三）团结同学

有一则发生在苏东坡和佛印身上的趣事。苏东坡和佛印一起打坐，他问佛印："在你眼里，你觉得我看起来像什么？"佛印说："像一尊佛。"苏东坡笑了，对佛印说："你知道在我眼里，你像什么吗？就像一堆牛粪。"事后苏东坡回家在苏小妹面前炫耀这件事。苏小妹冷笑一下对他说："就你这个悟性还参禅呢，你知道参禅的人最讲究的是什么？是见心见性，你心中有眼中就有。佛印说看你像尊佛，那说明他心中有尊佛；你说佛印像牛粪，想想你心里有什么吧！"[1]

其实，这则故事也关乎同学之间相处的礼仪，所谓礼者，敬人也，简单地说，礼仪的本质就是尊重。你怎么看他人，他人也怎么看你，你怎么对待同学，同学也怎么对待你，所以在人与人的相处中，要换位思考，多尊重他人。尊重的需要分两类，即自尊和来自他人的尊重。自尊包括对获得信心、能力、本领、成就、独立和自由的愿望。来自他人的尊重包括威望、承认、接受、关心、赏识等。自尊往往容易做到，而要获得来自他人的尊重，首先要学会尊重他人，即与同学交往，不论对方的地位高低、身份如何、相貌怎样，都要尊重对方的人格，进而和平相处，团结友爱。相反，如果在人际交往中有任何藐视对方的不当言行，都会引来对方的反感，更不会赢得对方对自己的尊重。同学之间，应该相互尊重，相互帮助，相互团结，有利于校园的和谐稳定。

（四）理性恋爱

关关雎鸠，在河之洲。窈窕淑女，君子好逑。随着大学生生理、心理的发展，以及个性意识的增长，自我意识的崛起，会对异性产生好奇、喜欢和好感，同时渴望双方能取得超过朋友以上的交际关系，也就是恋爱。

如果你还没有恋爱，那就好好安排自己的学习生活；完善自己的人格；真诚地与人交往，多交朋友；好好思考自己对另一半的要求；还没遇到也不要心急；遇到真爱更不要躲避。

如果你恋爱了，那么在恋爱中，多多倾听，多多沟通，给予各自的独处时间；忠贞专一、真

---

[1] 云中公子．苏东坡、苏小妹和佛印禅师的故事 [EB/OL].[2011-08-19].http://www.360doc.com/content/11/0819/07/1720781_141583710.shtml.

诚相处；文明恋爱，健康交往；坦然面对失恋，保持心胸开阔；相互理解，相互宽容，互相尊重；好好珍惜。

二、社交礼仪

社交礼仪是指人们在生活中应当遵守的一系列行为规范。社会交往中，知礼、守礼、行礼的人会赢得别人的尊敬和信任，反之亦然。

（一）介绍礼仪

在正式场合或者社交场合中，除了上一节讲到的称呼问候以外，还涉及介绍礼仪。如果领导、长辈、尊者都在，要给朋友介绍时，应该先介绍哪一位呢？分清场合，“在朝序爵”，即在正式场合按职务的高低介绍，“在野序齿”，即在非正式场合中，比如吃饭等场合，先介绍年龄大的人，以表尊敬。具体而言，介绍的顺序一般是先自我介绍，包括单位、部门、职务、姓名。遵循将“卑者”先介绍给“尊者”的原则，如：将晚辈介绍给长辈；将下级介绍给上级；将男士介绍给女士；将学生介绍给老师；将同事介绍给客户；将未婚者介绍给已婚者；介绍时，还应注意以下几点：态度恭敬、诚恳，表情自然、大方；当被介绍时表现出结识对方的热情，起立、微笑或欠身致意；双目应该注视对方；可握手说：“你好，初次见面请多关照。”；对上尊敬，对下亲切，做一个好的聆听者，目光要照顾到在场的每一个人。

介绍礼仪中涉及常见的礼节还有鞠躬礼、拥抱礼、亲吻礼、握手礼四种。

行鞠躬礼时，应脱帽立正，双脚并拢，目光向下看，上身弯腰前倾。男性双手垂放在身体两侧裤线处，女性双手垂放在腹前。平辈、同事以及服务员向普通客人鞠躬角度为15度；对重要客人、长辈、领导要行30度鞠躬礼；下身角度45度为最敬礼，是致以最高的敬意或者歉意时的礼节；90度鞠躬一般是大喜大悲和表示忏悔谢罪时用的，但是在韩国和日本的社会交往中，也见于这种礼节。

拥抱礼是各国高层领导之间最高规范的见面礼，我国习惯于亲近的人之间使用。亲吻礼主要分为吻额礼（长辈对晚辈）；吻颊礼（欧美异性朋友）；吻唇礼（夫妻、情人之间）；吻手礼（骑士精神、绅士风度）；吻足礼（非洲原始部落）。除了以上四种主要的礼仪之外，还有脱帽礼（与朋友、熟人见面时）；注目礼（升旗仪式、剪彩仪式等）；举手礼（在较远距离向熟人打招呼）；点头礼（不便与熟人交谈、长辈、领导、交往不深的人）；军礼；屈膝礼、拱手礼等等。

握手礼，是问候介绍中最为常见的一种礼仪。握手时，在不同场合和情况下都讲究“尊者为先”的伸手原则，即：在正式场合，以上级先伸手为礼；在日常生活中，以长辈、女士先伸手为礼；在师生之间，以老师先伸手为礼；特别提示：握手时间一般在2~5秒之间为宜；握手时，伸出右手，目视对方，面带笑容，稍事寒暄，稍许用力；握手时，另一只手不要插在口袋中；

如果戴着手套、帽子，握手时要去掉；男士与女士握手时，不用双手握手，握手的时间不宜过长；如不宜与人握手，道歉并说明不握手的原因。

（二）名片礼仪

名片是现代社会进行交际的重要工具，它承载着一个人的身份信息，是一个人的介绍信，可以使沟通交流的双方彼此留下较深的印象。名片的递交顺序：由尊而卑，由近而远，顺时针方向。

递出：正面朝上，文字向着对方，双手拿出。“认识您真高兴这是我的名片请多指教。”

接受：双手去接，马上要看，如有疑惑，马上询问。

名片的收存：西装内侧口袋或名片夹，不要放在裤袋里。

一般情况下名片上包括的内容有工作单位、职务职称、联系方式、联系地址等。

名片就相当于一个人的自我介绍，所以在发送名片时，选择你希望认识的人以及被介绍给对方你又想要继续来往的人，如没有名片或者没带名片，则应主动说明原因并致歉。

如果想要获得对方的名片，但是对方又没有主动发送的时候，可以索要名片，而索要名片最有效的方式就是交换名片，“为了以后更好地联系，我们交换一下名片吧。”或者说：“认识您很高兴，以后我怎么向您请教比较方便？”

（三）电话礼仪

随着通信业的不断发展，电话已经成为现代人际交往中对外联络使用最频繁、最便利的通信工具，因为用电话交谈不能见面，所以通话过程中只能凭借语言、声调、内容和态度去揣摩对方的情感和意图，因此，电话也是个人形象的一个载体，使用电话时，必须重视自己的电话形象，遵守电话礼仪。

1. 接电话

（1）及时。铃声不过三，牢牢记心间。三声内接听，因故未及时接听时说抱歉；“抱歉，让您久等了。”

（2）规范。接到电话时，先问候：“您好，这里是……”然后再询问对方信息、来电事由，最后再汇总确认来电信息。

（3）记录。一般在办公场合，座机电话旁都会有笔和纸，方便随时记录电话内容。准确记录好来电人信息、事由，特别是涉及会务的信息，一定要精细记录，如会议的时间、地点、参会人员等信息。

（4）及时传达。不可以“喂，喂”或者“你是谁呀”像查户口似的。切忌铃响一声就接，以免对方尚未做好通话准备。若接电话时，嘴里正在吃东西或者嚼口香糖，最好先暂停或者吐出来再接电话，以示尊重和礼貌。

2. 代接电话

若是代接电话，要主动询问对方是否需要留言或者代为转达，一般情况下可以回复："您可以稍后再打过来""请留下您的信息，待会让他给您回电话"或者"如果是紧急事项，请您直接拨打他的手机号码"。切忌只说"不在"，然后挂掉电话，这样会给人留下很不好的印象。同时也不要对打来电话的人说："我不知道！"这是一种不负责任也不专业的表现。

3. 拨打电话

时间：择时通话。尽可能在工作时间打电话。节假日、晚上九点以后及早上七点之前一般不宜打电话。如果要给国外的人打电话，应先了解他国时差，选择打电话的时间。避免周一刚上班以及周五快下班时打电话，除非事先约好或者十分必要的情况。

内容：要规范内容。自我介绍，征询对方是否方便接听，确定对方后问候，说明来电事项，再汇总确认，做到言简意赅，把内容简要表达清楚，不要在电话里同时说几件事情。打电话时语速不要太快，也不要太大声，吐字要清楚。

环境：如果是重要电话，最好不要在声音太喧闹嘈杂的环境中打电话，也不要在公交车、地铁等公共交通工具中打电话。如果正在用餐或者开会时，有电话打过来，最好找一个安静的地方接电话。

时长：长话短说，三分钟原则。

4. 挂断电话

电话谁先挂？一般的情况是有事打电话者先挂，长辈、领导、女士先挂电话，结束对话前应该说"再见"，在对方关闭话筒后，自己再关闭通话，切忌自己将事情讲完就把电话挂断。如果自己有事不宜长谈，需要中止通话，应说明原因，告知对方"现在临时有事，等有空了我马上打电话给您"。如果接到骚扰电话，比如买房、卖房、装修、贷款、投资等广告电话，就可以先挂电话。

而对于现在相当普及的手机，使用时也要注意礼仪：开会的时候调成静音；接听电话不要大声喧哗；室内来电出去接；视频音频尽量不要外放。

（四）其他风俗略谈

2020 年 2 月 27 日，蒙古国总统哈勒特马·巴特图勒嘎在访问中国时，表达了赠送 3 万只羊的心意，以此作为对中国抗击新冠肺炎疫情的支持。今年 11 月，经过 30 天的免疫隔离和观察以及中蒙两国兽医权威专家检疫合格后，蒙古国 3 万只捐赠羊交接完成。

中国驻蒙古国大使柴文睿表示：3 万只羊的礼单也有特殊考虑，蒙古国朋友认为绵羊属于温性，是送礼的首选，这也寓意着真诚和热情。另外蒙古国议长曾经对我说，羊肉是最好的滋补品，希望中国人民能够增强抵抗力，增强免疫力，早日战胜疫情。蒙古国总统宣布向中国赠送绵羊之后，蒙古国各界反响热烈，纷纷无偿捐献，可以说这份礼物充分体现了蒙古国人民对中国人民的深情厚谊。

除此之外还有：

1. 过水门

2020 年 3 月，山东航空派出 2 架包机，迎接 342 位山东援助湖北医疗队的英雄回家。航班抵达济南遥墙机场，消防队打出 2 道水门，寓意“接风洗尘”，以表示对抗疫英雄的敬意。“过水门”仪式因两辆或两辆以上的消防车在飞机两侧喷射水雾时，会出现一个拱形“水门”状的效果而得名。❶ 这一项仪式极具象征意义，是国际航空界的最高礼仪。

2020 年上午 11 时 20 分许，载有 117 位志愿军烈士遗骸及 1365 件相关遗物的国产军用大型运输机运 -20，在两架歼 11-B 战斗机的护航下，平稳降落在辽宁沈阳桃仙国际机场。运 -20 飞机到达现场的时候，也由最高礼仪“水门”去迎接，向志愿军烈士致敬。

2. 面包和盐

面包和盐是斯拉夫人欢迎客人的习俗。在斯拉夫人的传统文化中，“面包和盐”是最隆重的一种礼节，用来欢迎“重要、尊敬和钦佩的客人”。之前习近平总书记抵达俄罗斯乌法出席双峰会，在舷梯前，身穿俄罗斯民族服饰的青年按迎接贵宾的传统，向习近平总书记敬献面包和盐。习总书记随即掰下一小块面包，蘸盐品尝。❷

3. 习俗禁忌

除了以上习俗，其他国家还有一些禁忌需要注意，如意大利人不喜欢菊花（花中君子），在一些国家菊花象征着悲哀和痛苦；香港人不喜欢茉莉和梅花因为它们谐音译为“没利”“倒霉”。“13”这个数字在很多国家是遭到厌恶的，例如英国、美国、法国、俄罗斯等。俄罗斯甚至不允许 13 个人同桌。韩国人、日本人同中国人一样非常忌讳“4”这个数字。

三、商务礼仪

商务礼仪是指公司、企业的从业人员以及其他一切从事经济活动的人士在商务交往中所讲究的规范准则。所谓“有礼走遍天下，无礼寸步难行。”客户之间的交往，商业活动的成功，一般人都认为它来自超高的智慧、非凡的技巧和出众的口才，然而松下电器的创始人，松下幸之助说：“错，它来自高妙的礼仪。”

（一）位置礼仪

在现代交际行进过程中，需要注意位置的站立次序，在不同场合，位次的排列是不一样的。

❶ 成都直飞巴黎航线首航成功 [N]. 新城快报，2015-12-14.

❷ 习近平抵俄罗斯出席双峰会 [N]. 新京报，2015-07-09.

1. 遵守行走礼仪方显修养

同行时，根据人数的不同，位置也是不同的。一般情况下，两人同行时，遵循以右为尊；三人同行时，以中间为尊，其次是右边；四人同行时，最好分为两排，以前排为尊。如果是多人同行，要进行引路，那么引路者最好在客人左前方两至三步，不能靠得太近，也不能走得太远，与客人步伐保持一致。但是无论几人同行，都要共同遵循安全的原则。

2. 街道行走礼仪

在街道上行走不要一边走路一边吃东西，或者在走路时打架嬉闹。

走人行道，让出盲道，不要走马路，过马路时也要遵循红绿灯原则。

如果男女同行，男士最好走靠近马路的一侧，让女士走靠近人行道的一侧，防止马路上的灰尘或者雨天的水溅落到女士身上，重要的是将更安全的一侧留给女士，以示礼貌；如果女士携带有包或者物品，男士在经过女士同意的情况下可以代劳，以示绅士风度。

3. 上下台阶的礼仪

一般而言，上下台阶也根据人的不同讲究存在先后次序和安全的原则。举例而言，男女同行上楼梯时，女士走前面，男士走后面，防止女士突然摔倒，男士在后面可以帮扶一下；男女同行下楼梯时，男士走前面，女士走后面，防止女士突然摔倒，男士在前面可以铺垫一下，以保护女生安全。当然在上下楼梯时，女士如果是穿着裙装甚至短裙时，应该尽量走楼梯靠墙壁一侧，防止走光。雨天地面潮湿，路滑，上下台阶时要注意脚下，最好手握扶手。

（二）乘坐电梯礼仪

乘坐电梯时，根据不同的场合、不同的对象，也会有不同的进出次序。

一般而言，电梯分为自动扶梯和升降电梯。乘坐自动扶梯时，跟上下台阶一样，电梯上行时，让尊者先上电梯，自己后上电梯；电梯下行时，自己先上电梯，尊者后上电梯。同时在乘坐扶梯时，尽量站立在电梯的右侧，让出左侧通道，以便有紧急事项的人快速通行。

乘坐升降电梯时，因为电梯的开关门时间有限，所以进入电梯的顺序就不同，升降电梯分为有人控制的电梯和无人控制的电梯。如果是有人控制的电梯，坚持后进后出的原则，有人在控制电梯，就让尊者先进电梯，自己后进电梯，电梯到达后，也是让尊者先出电梯，自己后出电梯。如果是无人控制的电梯，坚持先进后出的原则，即电梯到后，自己先进入电梯，按住开的按钮，再请尊者进入电梯，再按关的按钮；电梯达到后，自己同样先按住开的按钮，等待尊者先走出电梯，自己再出电梯。

如果尊者是第一次来，那么出电梯时，不管是否有人控制电梯，自己都应该先出来并按住外面电梯开的按钮等候尊者出电梯后，再为尊者介绍并指引方向。进入电梯后，为防止场面尴尬，一般都是对着电梯门口站立，当然尊者如果有询问的事项除外。如果电梯过于拥挤，应该让尊者先上电梯，自己再等候下一班电梯。

（三）座次礼仪

在现代礼仪中，座次是很讲究的，显示着人们社会地位的高低，表现主人待客的不同态度。因此，对于会议、宴饮的座次安排，是相当重要的。

下面通过鸿门宴的座次了解古代礼仪中座次的重要性。

鸿门宴是楚汉争霸的转折点，清晰明朗地对比出了项羽刘邦阵营的优势与短处，它也是楚汉相争中最精彩的部分，将之后楚汉的结局早已预言于这宴会之上。问题来了，在这场凶多吉少的宴会上，他们的座位是如何排序的呢？从这些座次上又能反映出什么深意？

司马迁在《史记》中写道："项王、项伯东向坐；亚父南向坐，——亚父者，范增也；沛公北向坐，张良西向侍。"其中"东向、南向、北向、西向"是"向东、向南、向北、向西"之意。看似简单的座次排位，实则背后蕴含着很深的意义？

古代礼仪很讲究座次，不但表现出主人的待客之道，也显示出社会地位的高低。古人常把称王称帝叫作南面，称臣叫作北面，东西长而南北窄，因此室内最尊的座次是坐西面东，其次是坐北向南，再次是坐南面北，最后是坐东面西。宾主之间的宴席座位，以东向最尊，次为南向，再次为北向，西向为侍从的座位。[1]刘邦：出身农家，知人善任，起兵与沛，第一位平民皇帝，怀揣梦想的儒将。项羽：楚国名将项燕之孙，起兵于吴中，羽之神勇，千古无二，力大盖世的霸王。在鸿门宴的座次中，项羽项伯朝东而坐，最尊，范增朝南而坐，仅次于范式叔侄的位置，项羽押刘邦北向坐又次于范增，不把他看成与自己地位平等的宾客，显然不放在眼里，张良面朝西的位置，是在场人中地位最低的，不能叫坐而叫侍。陪同而来的樊哙得知项庄舞剑，意在沛公，于是冲入营帐，西向立。樊哙的西向立正表明西向是最卑微的位次。司马迁之所以不惜笔墨，一一写出每个人的座次，就是通过对座次的安排，揭示座次背后的深意。

通过鸿门宴的座次排序客观上反映了诸人在楚军中的地位与处境。通过对鸿门宴中四面宾主座次的安排，反映了刘邦与项羽兵力的悬殊。

1. 会议座次

室内会议或者用餐位置排列。商界跟国际惯例是以右为尊，但只有中国政界是以左为尊，所以我们常说的"左膀右臂""左丞右相"是沿袭几千年的传统。会议中一般遵循以下原则：居中为上（中央高于两侧）；前排为上（适用所有场合）；以远为上（远离房门为上）；面门为上（良好视野为上）。

具体而言，商务交往时的会议按规模划分，有大型会议和小型会议之分，座次排列有下面这些规则。

大型会议会安排主席台、发言席和观众席。主席台在台上正中，面对会议室大门，观众席在台下，发言席在主席台右前方或者主席台正前方。主持人座位多居于前排右侧位置。

---

[1] 张岩松．知书达礼现代交际礼仪畅讲 [M]．北京：清华大学出版社，2016.

在主席台安排会议座次时，如果领导数是单数，那么1号领导居中坐，2号领导坐1号领导的左边；3号领导坐1号领导的右边；4号领导坐2号领导的左边；5号领导坐3号领导的右边。如果领导数是双数时，那么1号领导和2号领导居中坐，3号领导坐1号领导的右边；4号领导坐2号领导的左边；5号领导坐3号领导的右边；6号领导坐4号领导的左边。

小型的谈判，也可不设谈判桌，直接在会客室沙发上进行，双方主谈人在中间长沙发就座，主左客右，译员在主谈人后面，双方其余人员分坐两边。

2. 宴饮座次

（1）中餐座次及礼仪

在宴饮座次中同样遵循以右为上，以远为上，居中为上，面门为上的原则。引导客户入座时，为客户轻轻拉出并扶住椅子，遵照女士优先、长者优先原则。即第一主宾坐于主人右侧，第二主宾在主人左侧或第一主宾右侧，变通处理，斟酒上菜由宾客右侧进行，先主宾，后主人，先女宾，后男宾。现代餐桌礼仪中虽然女士地位得到极大提高，但是在面临“尊老”和“女士优先”时，一般先选择的都是“尊老”。对座次实在没有心得时，那就等着主人安排。

（2）西餐座次及礼仪

西餐一般都选用长桌，都以男女主人和男女主宾为尊位，分开进行座次安排，坚持以右为上，居中为上，男女相间而坐。如果是男女主人分坐长桌两头，则1号男主宾靠近女主人右侧；1号女主宾靠近男主人右侧；其次2号男主宾靠近女主人左侧；2号女主宾靠近男主人左侧；3号男主宾靠近1号女主宾右侧；3号女主宾靠近1号男主宾右侧。如果是男女主人分坐长桌两边，则男女主人分别坐两边的中间位置，1号男主宾靠近女主人右侧；1号女主宾靠近男主人右侧；2号男主宾靠近女主人左侧；2号女主宾靠近男主人左侧；3号男主宾靠近1号女主宾右侧；3号女主宾靠近1号男主宾右侧。入座时，一般男士要主动为女士让座，挪动椅子。

3. 乘车座次

通常来说，上下车的顺序应当遵循长辈、女士、尊者先上车、后下车的原则。对于左舵车型，轿车的座次安排为右高左低，后高前低，但是不同类型的车辆和不同身份开车的人，上座也不一样，具体而言：

如果是五人座的轿车，主人开车坐驾驶位，那么1号贵宾坐副驾驶位；2号贵宾坐后排右边；3号贵宾坐后排左边；4号贵宾坐后排中间。如果是专职司机开车坐驾驶位，那么1号贵宾坐后排右边；2号贵宾坐后排左边；3号贵宾坐后排中间；4号贵宾坐副驾驶位。

如果是三排七人座的轿车，主人开车坐驾驶位，那么1号贵宾坐副驾驶位；2号贵宾坐第二排右边；3号贵宾坐第二排左边；4号贵宾坐第三排右边；5号贵宾坐第三排中间；6号贵宾坐第三排左边。如果是专职司机开车坐驾驶位，那么1号贵宾坐第三排右边；2号贵宾坐第三排左边；3号贵宾坐第三排中间；4号贵宾坐第二排右边；5号贵宾坐第二排左边；6号贵宾坐副驾驶位。

以上指一般情况下的通用规则，当然具体情况则千变万化，要善于变通，而不是囫囵吞枣、生搬硬套、泥古不化。如果自己的确不知道应该怎么坐，那就等着主人或者领导安排自己坐哪里，切忌不要随便就找一个位置自己先坐下。除此之外还应该注意以下几点：

第一，中外有别。座次排列讲究通常遵循以右为尊，但在政务中，我国是以左为尊。

第二，外外有别。俗话说十里不同风，百里不同俗，千万不要认为外国人全都一样。不同国家、不同民族，其座次排列也有不同。以右为上属于国际惯例，惯例是通行的，但它并不排除许多例外的存在。

第三，场合有别。场合不同，具体情况不一，千万不要以不变应万变。

（四）宴饮礼仪

优雅、得体的用餐仪态，对商业的成功有着直接的影响，用餐过程中是否能关注细节，直接体现了个人素养的高低。

1. 中餐礼仪

“民以食为天”，一般公务宴饮活动中我们会选择中餐。而中餐的种类又分为国宴、家宴、正宴、便宴。中餐的上菜顺序一般为：冷盘、热菜、主菜、汤菜、面点、水果。上菜时，一般从主位正对面的席位左侧上菜。中餐点菜讲究三优四忌原则，即优先考虑有中餐特色的菜肴；有本地特色的菜肴；本餐馆的特色菜。考虑宗教的饮食禁忌，例如，穆斯林不吃猪肉，并且不喝酒。佛教徒少吃荤腥食品。还有健康的饮食禁忌，不同地区有各自的饮食偏好，如湖南省份的人普遍喜欢吃辛辣食物，少吃甜食，广州福建地区的人饮食较为清淡。考虑不同职务人员不同场合的饮食禁忌，如职业原因：公务员、驾驶员工作期间不得喝酒。就餐过程中还应注意让菜不布菜，忌讳点七道菜，点双数为宜，比如八道菜、十道菜等。

2. 西餐礼仪

西餐的上菜顺序为头盘（开胃菜）、汤类（清汤、奶油汤、蔬菜汤、冷汤）、副菜、主菜、沙拉、甜品、茶或咖啡。在进食西餐时，左叉固定食物，右刀切割食物；餐具由外向内取用；别人的用餐错误不当面提醒。刀叉不相见或不相碰，如果两者相遇表示用餐完毕，如果自己用餐完毕，但是其他人仍然还在用餐，就先不要将刀叉放在一起，等大家都吃的差不多的时候，再结束用餐。当然，如果对于西餐餐具不知道如何使用，最稳妥的方式是让服务人员告知哪样菜应该用哪样餐具进食。

不戴帽子和手套进餐，就餐时尽量小口进食，喝汤、喝饮料时不要发出声响。一般情况下，都不主动给别人夹菜，如有必要，一定要使用公筷。如果参加酒会，要提前喝点牛奶或者酸奶，吃一些面包或者淀粉类的食物保护肠胃，不要空腹喝酒，也不要几种酒混合喝，这样特别容易醉。喝酒不劝酒，同时在敬酒的时候，自己的酒杯一定要低于客人的酒杯。如果自己的确不能饮酒，要说明原因并且表示歉意，在敬酒的时候可以选用饮料或者茶水代替。

本章小结

当国歌响起时，我们庄严肃穆，当五星红旗冉冉升起，我们注目行礼；三八妇女节时，我们为母亲送上一束粉色的康乃馨；当上课铃响起时，老师走上讲台，学生全体起立……这些都是我们生活中常见的礼仪。现代大学生思想开放、个性鲜明，通过个人容貌、着装、言谈举止礼仪的塑造，以及校园中师生礼仪的培养，有利于锻炼大学生的身体和心理素质，具备良好的形象，在人际交往中能够更好地沟通，使学生学会尊敬自己和尊敬他人。通过对常见现代礼仪的简要介绍，让学生了解不同场合、不同环境情况下的秩序、座次和用餐习惯，为培养学生的高情商提供条件和打下基础，也有利于学生更好地走进社会，融入社会。

复习思考题

1. 何为礼仪？

2. 判断以下人士的着装是否正确，错误之处请予以改正。

女：职业套装，运动鞋。

男：黑色西服，棕色西裤，白色皮鞋。

女：运动服，公文包，高跟鞋。

男：衬衣，牛仔裤，皮鞋。

3. 如果您和您的老师打完电话，应该谁先挂电话？

4. 交谈时，应该注意哪些言谈禁忌？

5. 如果您的朋友从广州来重庆，您邀请他吃饭，应该如何点餐？

第七章

情商与大学生就业

就业，是民生之本，是财富之源。我国有近9亿劳动人口，占总人口比重的64.3%。实现更充分更高质量的就业，是适应我国社会主要矛盾转化、满足人民群众多层次多样化需求的必然要求。高校毕业生是国家宝贵的人才资源，他们的就业问题既关系个人价值和家庭幸福的实现，更关乎国家长远发展和社会和谐稳定。近年来，大学毕业生面临着越来越残酷的就业竞争压力，也频频出现类似现象：成绩大体相当的同学中，有的顺利找到了满意的工作，有的却在求职路上屡屡受挫。成绩好的同学走入职场后却不如在校期间那般风生水起。本章阐述了情商在大学生就业过程中的重要性，并在大学生就业准备、求职策略和面试技巧等方面给出指导性建议，旨在通过强化情商教育，助力大学生成功就业。

第一节　大学生就业准备

对于即将毕业的大学生，想找到适合自己的理想工作就得做好充分的前期准备，多渠道收集招聘信息、了解当前就业形势、调整自身状态、树立正确的择业观等，为顺利求职做好思想、信息及能力等方面的准备。

一、思想准备

就业意味着从学生到职业人这一社会角色的转换，以及生活方式和行为习惯的变化，是大学生成长成熟的重要里程碑，面对这些巨大的变化，大学生应当做好充分的思想准备和心理准备。

（一）勇于竞争

竞争无处不在，特别是在市场经济环境下，竞争为市场带来活力，企业之间的良性竞争可以促进企业的发展；即使在企业内部，同样需要竞争机制来激励员工，开发他们的潜力，增强其工作和社交能力，从而提升企业的实力。竞争意识是现代人的基本素质之一，贯穿于个体职业生涯始终。

对于毕业生而言，竞争是促进准备就业，积极求职以及提高职业素养的重要动机。因此，面对就业竞争的压力，大学生应该坚定信心，直面现实，抓住机遇，改变被动地依赖和等待，提高抵抗挫折的能力，敢于竞争，勇于竞争，善于竞争。

（二）终身学习

大学生应在职业生涯全过程牢固树立终身学习的观念。随着当今社会的飞速发展，知识不断更新，现代职业的变化日新月异，在大学里学到的知识已远远不够应对新变化提出的高要求。因此，大学毕业生必须与时俱进，不断更新知识内存，学习、接纳新事物，以满足社会发展的需要，否则将会在残酷的竞争中逐渐被淘汰。大学教育只是终身教育的一个阶段，而毕业后的继续学习和重新学习，对于职业定位和职业成就有着同等甚至更为重要的意义。

（三）接纳现实

就业前，大学生对未来的职业生涯充满着憧憬和向往，都渴望拥有一份自己感兴趣、待遇好、前景好、环境好又体面的工作，但现实生活往往不尽如人意。社会中的就业岗位不可能满足求职者的所有需求，与个人期待存在一定的差距，这让求职者在理想与现实之间产生了矛盾。这种情况下，大学毕业生更应该全面、客观地分析和评估，如果社会提供的职位与个人的志向和条件基本匹配，就该抓住机会尽快就业，或者先就业再择业。俗话说，“三百六十行，行行出状元”，只要努力奋斗，持之以恒，在任何岗位都能获得较高的职业成就。

（四）角色转换

所有的大学生都要经历从学校毕业走入社会这一过程。对绝大多数学生来说，大学生活单纯而稳定，日常的学习和活动简单有序，规律性较强。但校园生活与职场生活之间存在较大差距，而就业不但意味着周围环境的变化，更意味着生活方式发生质的转变。一部分毕业生走上工作岗位后，仍然保持校园生活的心态，对生活状态和工作环境的变化抱有逃避和抵触情绪，很难真正融入和适应现实社会，这对于个人的职业发展和单位的发展都是不利的。

因此，大学生离开校园后，应尽快适应新环境并迅速转换角色，使自己从一个单纯的校园学习者，转换为具备一定职业素养的职业人，迅速实现思维方式、行为习惯、生活状态、身份定位等全方位的转换。这就需要大学生在校期间主动培养正确的世界观、人生观和价值观，理性、客观地了解社会，看待是非，培养提升综合素质和能力，主动适应社会需要。

（五）正确面对挫折

毕业生在求职择业初期，受挫是家常便饭，这再正常不过，对此要有充分的心理准备。一时受挫并不代表永远失败，只要善于从失败和挫折中吸取教训，总结经验，调整目标后再继续努力、反复尝试，这样就会越来越靠近成功。如果面对挫折表现为消极、悲观、退缩，甚至从此一蹶不振，求职之路必然更加艰难。

二、信息准备

信息社会，人与人之间的竞争通常是信息的竞争，就业过程中，谁掌握了就业信息，谁就掌握了就业的先机。因此，从某种程度上说，就业的竞争就是信息的竞争，谁掌握的信息更多，职业视野就更开阔，选择空间更大，谁就可以在竞争中获得主动权，优先选择并获得合适的职位。

作为初次择业的大学毕业生，在求职过程中需要了解的信息繁多，面对海量信息，应重点关注以下三个方面。

（一）就业政策

1. 了解国家就业指导方针、就业相关的政策和文件精神，对就业工作具有重要的指导意义。大学生的个体就业与国家总体发展规划是密切相关的，并受到社会和宏观经济环境的影响，因此，大学生应该关注国计民生，将国家的繁荣稳定与个人的成长发展联系起来，放眼长远。同时，密切关注国家最新发布的就业指导方针和政策文件，这是毕业生就业的出发点和落脚点，大学毕业生只能在国家就业方针、原则和政策规定的范围内，自主择业就业。

2. 了解就业相关的法律法规。由于目前人才市场机制尚不完善，导致就业过程中存在个别违纪违规情况，因此，大学生必须知法、懂法、守法，了解就业相关法律法规，规范自身就业行为的同时，学会使用法律武器保护自己。在就业过程中，涉及双方权利和义务的环节有：签订《就业协议书》，签订《劳动合同》，辞职，解聘等。目前已颁布并实施的就业相关法律有：《中华人民共和国劳动法》《中华人民共和国劳动合同法》《中华人民共和国就业促进法》和《中华人民共和国反不正当竞争法》等。

3. 地方的就业政策。有些地区、行业、单位会根据国家政策规定，结合当地、行业或单位的实际情况，出台有关毕业生的引进、就业、晋升、工资或待遇的具体规定，这些都是毕业生应该关注的。如为了吸引人才、留住人才，我国许多地区都制定出台了有关人才引进的系列优惠政策，还有对于就业困难学生、家庭贫困学生以及特殊群体学生的就业帮扶政策，各种专项计划等。

4. 学校的有关规定。有的学校为了调动毕业生就业的积极性，保证他们顺利就业，会根据国家政策的要求制定相关补充规定，这也是毕业生应该了解和遵守的。

（二）供求信息

市场经济条件下，供求关系总是不断波动变化，就劳动力市场而言，也存在供求矛盾和不平衡的情况。因此，大学毕业生要加强对目前经济形势、产业发展、市场需求的了解，以便更好地理解就业政策，做好准备应对当前形势。

1. 了解国家政治和经济建设的主要任务、发展战略和发展规划等；了解产业的类型和构成；了解产业结构的变化趋势和调整方向；了解职业的大致分类和构成情况，以及相关职业的发展前景。以大局意识和全局眼光，更好地进行职业定位，在国家建设发展的时代大背景下找到适合自身发展的位置。

2. 了解当年毕业生的总体供需情况，即全国毕业生总人数，用人单位需求的总人数，总体形势是否平衡，哪些专业社会需求大，哪些行业供大于求，哪些地区就业压力较大等。

3. 了解所学专业的培训方案、计划目标、发展前景、对应行业、对口单位的情况等。

4. 了解与所学专业相关的部门、行业和对口单位的现状、发展前景和变化趋势等。

（三）用人单位信息

有些毕业生在择业时存在一定的盲目性和随意性。例如，对用人单位的情况了解不够，缺乏比较，随意投递简历或在准备不充分时与用人单位联系。有的毕业生只关注工作地点是否在大城市，缺乏对企业发展前景的了解；有的则盲目信任熟人，希望依靠关系入门以便快速获得晋升等，这些就业信息都是不完整、不科学的。一般来说，毕业生应掌握的就业信息应包括以下几个方面：

1. 用人单位的工作地点和隶属关系。要知晓用人单位的地理位置、入职后的工作地点、短期内地点是否有变化等。还需要了解用人单位的上级主管部门、人事管理权限等。

2. 用人单位的联系方式。如单位官网、微信公众号、单位人事部门负责招聘的联系人、联系电话（座机、手机号码）、邮政编码、通信地址、电子邮箱等，这样有利于通过多种方式了解单位并及时取得联系。

3. 用人单位的所有权性质、收入构成和福利待遇，包括工资、奖金、福利等。

4. 用人单位对招聘人员的具体要求，包括年龄、政治面貌、专业背景、职称资格、工作阅历、已有成就等，以及用人单位所提供岗位的工作地点、特殊要求、培养意图等。

5. 用人单位的规模、发展前景、业务范围、单位文化、晋升途径等。

对以上信息掌握得越全面，越有利于判断该单位是否与个人就业意向相符，也能够更顺利地找到合适的单位和岗位。因此，全面地收集、分析和运用用人单位的信息，是顺利就业的重要环节。

三、能力准备

求职竞争是个人综合实力的竞争，虽然大学毕业生已具备一定的知识积累，但并不意味着具有较强的社会实践能力。当前社会对人才的要求不仅要求高技能和高智商，更注重大学生在实际工作中的综合能力。所以，从某种意义上说，能力比知识更重要，这就要求大学毕业生在做好知识准备的同时，更要重视并做好能力的准备。

（一）人际交往能力

人际交往能力是与他人相处的能力。作为一个成熟的职业人，不仅需要具备专业方面的知识和技能，还要有较强的与他人沟通协作的能力。大学生在校期间，接触的大多是同学和老师，人际关系相对简单。一旦步入社会，需要与各种类型的人打交道，人际关系也就复杂得多。如果人际关系处理不恰当，不但影响个人的工作效率、心理健康等，甚至会决定生活质量和事业成败。

美国著名教育家戴尔•卡内基（Dale Carnegie）对一些成功人士进行了调查，结果表明，事业上的成功不仅取决于专业技能，还取决于人际关系和社交能力。因此，有意识地培养良好的人际交往能力对于高校毕业生至关重要。要培养良好的人际交往能力，除了本书第四章介绍的方法，还可从以下三方面进行：

一是积极参与。人际交往能力要在实践中锻炼和培养，在学校里，许多同学不太重视人际关系，互相之间缺乏沟通交流，有时即使存在误解和矛盾，也不会主动解决问题、化解冲突。这些都不利于人际交往能力的提高。想办法创造机会，积极投身各类团学活动，主动参加社会实践活动，有利于人际交往能力的提高。

二是诚实守信。“人无信而不立”，在人际交往中，应该以诚取信，真诚相待。一些即将毕业的大学生，在求职过程中发现自己缺乏就业核心竞争力，如没有社会实践经验、没有获奖、成绩平平等，为了让自荐材料分量重点，便弄虚作假，谎报军情。这种情况一旦被发现，不仅会失去宝贵的机会，还会在个人的诚信记录上留下污点。

三是平等待人。人际交往中，应当互相尊重，与人为善，带着等级观念和“有色眼镜”看人都是不友好的，以工作性质、职务高低、收入多少等区别待人更加不可取。大多数毕业生刚走上工作岗位时都能正确定位，谦虚谨慎；但也有一部分人自视清高，目中无人，不能很好地处理人际关系，严重的甚至影响职业生涯发展。因此，懂得尊重他人，善待他人，营造一个宽松和谐的生活和工作环境显得尤为重要。

（二）沟通能力

社会分工的细化和现代科技的发展使个人不能像过去一样独立完成某项工作任务的所有环节，很多重要的工作领域和项目工程，都需要团队合作，这就要求团队中的每个成员具备较强的沟通能力。因此，良好的沟通能力是大学生学习高效、生活幸福、事业有成的重要保证，在日常交往过程中应注意掌握沟通的技巧。

1. 沟通始于友善。友善能创造一个好的开始，拉进交流双方的情感距离，使双方更有耐心和诚意，从而发现更多一致的观点，打开继续深入沟通的局面。仁厚、和善比任何暴力方式更容易改变人们的想法。当你希望别人赞同你的观点时,请以友善的方式开始。

2. 善于倾听。与人交往的过程中,需要适度控制自己的表达欲,给别人更多的机会表达情绪和观点。控制表达和成为专注的听众是沟通艺术的重要组成部分,掌握倾听的技巧能帮助你获得更好的友谊、理解和机会。

3. 注视对方的眼睛。眼睛是心灵的窗户,人的内心感受会通过眼睛表现出来。有效沟通的秘诀之一就是微笑地注视对方的眼睛,这样的你充满自信、友好和随和。如果一个人在交流过程中不敢抬头或正视对方,就显得消极、心虚和自卑。研究发现,人在说谎或兴奋时,心率会增加,血压会上升,眼球的运动也会加快;而情绪低落时,眼神无光;心情舒畅时,眼睛明亮而充满光芒。因此,通过眼睛,可以了解对方的情绪状态,同时,对方也会通过眼睛观察你。

4. 保持适度距离。多交流,多沟通,可以了解他人的想法,减少矛盾冲突,但交流过程中如果不注意边界和隐私,则会失去安全感和信任感。窥探别人的秘密是人的天性,但没有距离和尊重的关系也不能长久。所以在人际交往中保持适度的距离非常必要。

5. 学会赞美。美国心理学家威廉•詹姆士说过:“人类本性上最深的企图之一是期望被赞美、钦佩、尊重。”渴望获得别人的赞扬是每一个人内心的基本愿望。赞美是一种品德,是人际关系的润滑剂,可以缩短双方的心理距离,增强彼此的亲近感,激起人们保持乐观向上、积极进取的人生态度。

6. 学会宽容。“金无足赤,人无完人。”每个人都有缺点和不足,与人交往时,要胸怀开阔,宽以待人,才能收获更多友谊,同时赢得尊重。保持宽容的心态,要从日常生活点滴培养:第一,培养爱心,尊重别人,关心别人;第二,培养耐心,从容沉稳,不急不躁,不斤斤计较;第三,学会换位思考。

(三)思维能力

思维能力是智力的核心,是智力活动的调节者。大学生在求职过程中,会遇到用人单位提出的各类问题,以考察求职者的逻辑思维能力和创新思维能力。相比自我介绍等环节,用人单位在面试过程中更注重应聘者对各种信息和问题的理解、处理、判断、分析、推理等逻辑思维能力。

根据思维的独立性和主动性,可分为常规性思维和创造性思维。

1. 常规性思维

常规性思维是基于已有的知识和经验,直接用现成的程序和方案来解决问题。常规性思维有两种方式。一种是模式化思维,即使用常规的模式化方法和思路解决问题;另一种是习惯性思维,即使用过去总结的经验方式和循规蹈矩的方法解决问题。由于这种思维方式具有一定的惰性,也被称为思维定式或惰性思维。

2. 创造性思维

创造性思维是人类思维的高级过程。一方面，创造性思维具有常规性思维的特点，另一方面，创造性思维又在现有资源的基础上进行想象，深度加工，加以构思，解决前人无法解决的问题。创造性思维也是目前诸多用人单位很看重的求职者应具备的特质。

3. 创造性思维的培养方法

（1）头脑风暴法

头脑风暴法是 20 世纪 30 年代末美国著名的创造工程奠基人奥斯本首创的一种智力激励法，是一种找寻新观点时普遍采用的方法。参与者在融洽、不受限制的氛围中针对特定的具体问题积极思考，采用会议的形式进行座谈、讨论，畅所欲言，打破常规，互相启发，提出各自的观点和解决办法。

头脑风暴法对于产生新观点、激发创新设想、促进发明创造具有一定作用。在日常生活、学习和工作中，可以创造机会，有针对性地进行头脑风暴法的训练，以激发创造性思维，解决问题。

（2）即兴法

即兴法是锻炼创造力的有效方法。针对简单的问题开动脑筋想象，进行即兴创造，可以从任何字、任何想法、任何观点开始，让思维在自由的世界中遨游，并且记录后续联想的一切内容，创意越多、观点越新越好，坚持练习可以锻炼思维，激发创造力。

（四）团队合作与责任意识

1. 团队合作意识。通常情况下，用人单位对应聘者有两个重要的评估标准，即个人能力和团队合作意识。目前，社会上越来越多的工作和任务需要通过团队合作共同完成，用人单位除了对应聘者的个人素质和专业知识有相应要求外，更看重其是否具备较强的团队合作意识与出色的团队合作能力。

2. 责任意识。良好的责任心是每个社会人必备的素质。无论哪个行业在招聘纳才时，条件中大多会注明“有责任心”。责任心是很多单位非常看重的，对于求职者而言，选择的工作可能不符合个人意愿，但无论从事什么工作都应提高责任意识，尽职尽责，努力奋斗，这样才能享受工作带来的价值感和成就感。

第二节 情商在大学生就业中的重要性

一、大学生情商水平现状

随着社会的发展和科技的进步，社会对大学毕业生的综合素质提出了越来越高的要求，而大学毕业生的数量逐年攀升，供需矛盾依旧突出，就业难度有增无减，就业形势日益严峻。在应试教育体制下，传统的重智商、轻情商教育培养，使很多大学生在学习和就业过程中情商不高现象的问题日益凸显，主要表现如下：

（一）自我认知不足，缺乏自信

部分大学生缺乏自我认知能力，不善于发现自身的优势和价值，缺乏明确的职业定位，总认为自己不能满足用人单位的要求。择业就业竞争过程中，优胜劣汰，遭受挫折在所难免，特别是学业成绩一般、性格内向的毕业生，在面试中很难脱颖而出，失败几次后容易产生消极情绪，表现出自卑、逃避和退缩，甚至产生就业困惑和心理障碍。

（二）自控能力低，抗挫能力弱

大学时期是大学生人格从不成熟过渡到成熟的重要阶段，有自控能力差、容易冲动、情绪波动大等特点。由于自控能力差，部分大学生旷课，沉迷网络，荒废学业，甚至违反纪律规定，对学习生活、身心健康和个人发展造成不同程度的影响。有些大学生在学习、工作、生活和就业过程中面对困难或压力时，心浮气躁，不能正确应对，妥善解决；有的面对失败又不愿承担后果，悲观失望，一蹶不振，没有及时反省、调整状态，甚至出现极端念头；还有的则消极逃避，不再愿意做出新的尝试，不愿意另谋出路或另辟蹊径。

（三）人际交往欠缺，社会适应力不足

部分大学生以自我为中心，不懂谦卑和尊重，在团队中不善与其他成员合作，缺乏沟通技巧，不懂换位思考，不善于协调和处理复杂关系。一旦步入社会，不能快速适应职场和社会环境，不能处理好人际关系，影响专业能力的发挥，甚至影响到职业前景。

（四）职业发展目标模糊，竞争意识淡薄

部分大学生由于在校期间缺乏清晰的自我认识和职业生涯规划，没有根据个人兴趣、性格、特长、专业发展、行业需求、市场变化等理性客观地分析、评估，导致求职时迷茫无助，不

知所措，面对压力又无法排解，悲观失望。也有的毕业生毫无目标地“广撒网”，四处投递简历，而后又随意违约，影响诚信。

二、情商对就业的影响

情商在大学生的成长成才、求职就业、适应社会、获得成就等方面都有着不可替代的重要作用，情商影响着求职就业的全过程，甚至对就业能否成功起着决定性的作用。

（一）情商与就业竞争力

1. 情商对于求职能力的重要作用

部分大学生在求职过程中屡战屡败，并不是因为他们的专业知识和技能不合格，而是因为他们缺乏对自身合适的定位以及或是在面试过程中表现得不够出色。大学毕业生在求职过程中需要恰当地判断、评估和定位以及合理地认识，将专业、兴趣、能力和价值观与岗位匹配，才能找到适合的工作。另外，面试过程中谈吐自然，表现大方得体，自信沉稳，更能获得面试官的青睐。毕竟，对面试官而言，大部分是通过翻阅个人自荐材料和短短几分钟的面试了解求职者，因此，面试过程中良好的表达能力和沟通能力对是否能获得就业机会起着关键性的作用。

2. 情商对于适业能力的重要作用

通常情况下，求职者在进入用人单位的前三个月离职概率较大，主要原因是不适应新环境，处理不好新的人际关系，自我存在感、价值感低等。而一个高情商的毕业生能够在短时间内调整好状态，积极面对新的人际关系，适应新的工作环境，从而快速融入其中，达到团队对个人的角色期待，更快地实现工作价值。所以，在适业过程中，情商对于求职者特别重要，甚至决定了其能否真正适应职场和社会。

3. 情商对于工作能力的重要作用

高情商可以促进个人工作能力的提高。日常工作中情商高的人能够根据不同场合、不同对象，采取合适的交流方式，运用恰当的沟通技巧，准确地感知他人和自己的情绪，及时调整，互相理解，并达成共识，减少沟通成本，增强沟通效果。面临工作压力时高情商者能够保持客观冷静，调整情绪状态，思考解决问题的办法，或寻求团队支持，保质保量完成工作任务，提升自我和他人满意度。

（二）情商在就业过程中的作用

对大学毕业生来说，就业是一个动态发展的过程，从为就业做准备、择业，到竞争求职，再到适业，甚至再就业的这个过程中，考验的不只是个人的专业知识和技能，更是对情商和综合素质的挑战。情商的影响力作用于就业全过程的各个环节,在各个层面发挥着重要作用。

1. 情商在择业过程中的导向作用

在市场经济发展和就业形势严峻的当下,大学毕业生就业采用“双向选择、自主择业”的模式,一方面,社会为大学生提供了多种就业渠道和更多的就业机会,毕业生的选择也更加灵活多样;另一方面,毕业生数量逐年攀升,严峻的就业形势对毕业生的质量也提出了更高要求。实际上,有的毕业生找不到专业对口的工作,即使找到与专业相关的工作,所学的专业知识也不能完全运用到实际工作中。所以,在应聘者智力相当的情况下,用人单位更重视情商因素的评估。

研究情商水平和就业质量关系的学者指出:高情商的大学毕业生在求职过程中具有一定的优势,他们在激烈的求职竞争中,自身定位准确,更容易调整好情绪和心态,能积极主动面对各类问题,也更容易处理好人际关系,因此能受到用人单位的青睐,得到更好、更多的工作机会。情商水平与就业质量有着较强的正相关联系,较高的情商水平会让毕业生在竞争中取得先机。

有的大学生在校期间刻苦努力,品学兼优,但是他们忽视了情商的重要性,缺乏主动训练和培养,例如缺少了人际交往锻炼,就会在沟通技巧、组织协调能力、团结合作意识和同理心等方面有所欠缺。因此,他们在毕业求职时屡屡受挫。

2. 情商在适业过程中的调控作用

刚进入职场的大学毕业生面临着角色转换问题,从单纯的学生身份转换为复杂的职业人角色,思维方式、行为习惯以及相应的社会权利和义务都发生了质的变化。大学毕业生适应工作和社会的速度和程度取决于很多因素,情商因素是重中之重,适应职业人新角色,需要及时疏导职场压力、树立良好的职业形象、建立和谐的人际关系。

由于身份角色的转换,大学毕业生需要及时适应新的客观环境和工作氛围,其中,最重要的就是要及时融入新的人际交往圈。事实上,无论从事任何工作都需要与他人发生联系,都需要处理人际关系,和谐的人际关系是顺利开展一切工作的前提条件。在新的人际交往中,能够敏锐地察觉他人的感受和情绪很重要,尤其是在职场环境中,真实情感一般不会被刻意表现出来,同事之间很少用语言表达内心感受,而是通过面部表情、肢体动作等隐性方式表达出来,这就需要有良好的自我察觉能力和洞察他人情绪的能力,做到“察言观色”,发现“蛛丝马迹”,从而妥善处理建立良好的人际关系。而觉察能力较低、情感表达较弱的毕业生无法感知他人的情绪变化,或做出不恰当的反应,都不利于建立良好的人际关系。

3. 情商在从业过程中的中介作用

经过择业和适业,大学毕业生进入职场后便开启了职业生涯。在整个职业生涯中,可能会经历职位的晋升和职业的变更。无论从事什么工作、处于哪个岗位,每个人都会设定一个又一个的职业目标，并且希望通过努力奋斗实现职业理想，创造职业成就。智商对成功的影响很大，但有限，而情商贯穿于职业生涯的始终，作为人际交往能力和工作能力的核心，情商是个人在职业生涯中获得成功的关键因素，而且在越复杂越困难的工作中，情商的重要性也越凸显。随着职位的升迁，专业、经验和智力等方面的优势慢慢弱化，情商所扮演的角色就越来越重要。

三、企业择才的变化与趋势

用人单位的需求无疑是就业风向标。计划经济时代，大多数单位在进行招聘时更看重求职者的硬指标，如学历层次、专业、工作经历等，很少或者根本无暇顾及诸如表达能力、管理能力、情商等软指标，市场经济却令择才标准发生了质的改变。

一项对中国大学毕业生的后续调查研究结果表明，大学生的智力水平在其就业、创业、成功等方面并没有发挥决定性作用，而非智力因素起着至关重要的作用。某市就业服务指导中心对近几年用人单位对该市高校毕业生各方面能力的重视程度进行了统计分析，其中，口语表达、压力管理、责任心、自信心等是用人单位比较看重的能力，这些大多可归属到情商范畴。调查发现，很多用人单位认为情商是决定毕业生在职场能走多远、能走多高的重要因素。

因此，智商不再是评估大学生综合实力的唯一标准，情商这一非智力因素更让社会和用人单位青睐。

1. 加强情商培养，有利于适应当今时代和用人单位对人才素质的迫切需求

现代企业都希望有这样的员工：在短时间内认同企业文化；对企业忠诚、有归属感；有较好的职业素养和敬业精神；有较强的沟通能力、有亲和力；有团队合作精神和协作能力；带着激情工作。科技的发展、社会的进步对人才提出了更高的要求，未来的人才必须是以专业知识为基础、以高情商素养为引领的高素质人才，因此，加强大学生情商教育有助于提高大学生就业竞争力，使其更好地适应社会和用人单位的需求。

2. 加强情商培养，有利于增强抗挫折能力，树立积极的就业心态

加强大学生的情商教育，帮助他们冷静认识自我，客观评价自己，保持积极健康的心态，使他们更有毅力和恒心，勇于挑战，开拓进取，面对困难积极应对，不逃避不气馁，通过不懈努力逐步获得成功。高情商的毕业生通常会保持积极乐观的态度，科学地选择合适的工作，并为求职做好充分的准备。求职过程中，他们积极、客观、从容地展示自己的优势，推销自己，从而脱颖而出，获得用人单位的认可。

3. 加强情商培养，有利于提高人际沟通能力

高情商的毕业生在面试时，善于通过研究面试官的面部表情和举止表现，感知其情绪和心理倾向，洞察其意图和偏好，进而调整自己的状态和观点，并与面试官保持良好的、适度的情感交流。在日常工作中，他们也善于根据实际情况，根据不同的场合和对象，选择合适的沟通策略，以达到减少沟通成本、建立良好的沟通效果，从而建立良好的人际关系，促进个人和事业发展。

4. 加强情商培养，有利于提高团队合作精神和合作意识

在日益激烈的社会竞争中，企业越来越重视员工的团队精神和合作意识。加强情商教育，可以让大学生正确认识自己，理解他人，树立正确的荣辱观、价值观，培养团结、友爱、进取、互助的团队合作精神，增强团结合作意识和能力，为今后就业和职场工作打下良好基础。

第三节　大学生就业过程中的情商运用

就业是大学生面临的又一次重大的人生选择，意味着大学生即将过渡到人生的另一个阶段，逐渐走向成熟。本节将进一步探讨在就业的全过程中，大学生如何充分运用情商，帮助自己找到理想的工作，顺利完成社会角色转变。

一、情商运用

（一）前期准备：情商加强大学生的自我认知和自我激励

1. 情商提升大学生的自我认知能力

在前期的就业准备过程中，大学生要对自身的各方面能力水平进行合理、客观地评估，正确认识自己的优势与劣势，有的放矢，思考如何在就业过程中尽量展现自身优势，弥补或避免劣势造成的不良影响，并不断提升自身知识、技能水平和综合素质等，以便更好地适应社会的需要。同时，要学会调节和控制情绪，在就业受到挫折时，要以积极的心态正确面对，加强自我激励，并能妥善调控和处理好情绪问题，得意时也要正确认识个人努力与机遇的关系，从容面对自身情绪，在社会实践中培养坚强、独立、有韧性的意志品质。

2. 情商帮助大学生树立正确的就业观

在客观、合理地认知自我的基础上，情商在日常生活中能帮助大学生培养兴趣、发展特长，制定较为系统的、明确的职业生涯规划，形成正确的择业观和就业观。情商较高的大学生在就业前期准备时，能主动了解和分析当前整体的就业形势，根据自身兴趣和特长科学定位，确定合适的就业目标，同时，他们会有意识地通过加强专业知识的学习和社会实践活动的锻炼，提升自身综合能力水平。在择业时，他们就能有效避免迷茫彷徨、眼高手低、不知所措的情况，更有针对性地择业。

（二）中期择业：情商有助于大学生保持积极乐观的就业心态

1. 情商提升大学生择业的自信心

就业定位过程中，情商能帮助大学生正确认识自身的优势和劣势，同时帮助其理解应聘岗位需要的条件和相关要求，综合两个方面的因素进行匹配从而做出选择，不会变得不知所措、迷失方向。面试过程中，情商有助于大学生坚定信念，保持着积极乐观的心态，做好充分准备，有的放矢，无论面试过程是否顺利，都能快速调整心态，拥有较强的自信心。择业过程中，情商能帮助大学生始终保持积极向上的态度，创造条件抓住任何寻找理想工作的机会，即使失败也能及时吸取教训，挖掘自身潜力，发挥自身才能，在提升进步中向目标迈进。

2. 情商能够提升大学生感知他人情绪的能力

情商不仅有助于大学生客观、正确地认识自我，同时也有助于感知他人的情绪状态，无论是在日常交往还是求职过程中，都应该关注他人的情绪和反应，这是理解他人和进行有效沟通的前提。在求职面试过程中，情商能帮助大学生有效地感知面试官的情绪和状态，了解他的意图和想法，及时调整自己的状态和应对策略，同时，在表达和沟通中注意运用语言的艺术，获得面试官的青睐。

（三）后期适业：情商帮助大学生更快适应职场环境

进入职场后，由于对工作环境不适应、对职场规则不熟悉和对薪酬待遇不满意等原因，大学生会出现或多或少不适应职场的情况，将直面困难和挑战。在适应职场过程中，情商的作用就是要帮助大学生更好地认识职场规则，处理好职场人际关系，迅速融入团队，在工作中实现个人价值。

1. 情商提升大学生的人际交往能力

初入职场，面对陌生的环境和各类复杂关系，首先要学会处理与同事之间的人际关系。情商较高的大学生的优势在这时便能体现出来，他们会保持低调、谦逊的态度，遇到困难时能够较快地调整好状态，并主动、真诚地向前辈、领导请教，以乐观积极的态度面对工作和生活，这样就会给他人留下较好的印象，得到别人的肯定和接纳。同时，情商较高的大学生在人际交往中还会关注他人的感受和情绪，拥有较强的团队合作精神，因而在新的职场环境中能够迅速融入，以良好的状态影响和感染周围的人。

2. 情商帮助大学生认识工作的价值

大学生的就业过程实际上是个人社会化的过程，在这个过程中需要及时调整心态、更新认识，尽快适应新的生活方式和社会角色，这也可以说是工作赋予生活的重要意义。但由于社会角色的转换和对职场的不适应，初入社会的大学生可能会对自己工作的意义产生怀疑，或是质疑自己是否有能力胜任。情商能够帮助他们从正面的、积极的角度看待问题，在工作中认识实践的重要意义，不断挖掘正面价值，从而能积极主动地学习岗位技能，踏实工作，完成由学生到职场人的蜕变。

二、求职策略

面对诸多的行业门类、不同性质的工作单位、发展路径各异的晋升渠道等，大学毕业生需要厘清思路，明确方向，形成科学有效、适合自己的求职策略。

（一）合理职业定位

大学毕业生想要顺利就业，找到满意的工作，首先要有一个比较科学、合理的职业定位，即要有一个较为清晰的职业生涯规划。大学的知识学习与能力提升都是为未来职业选择、步入社会做准备的。因此，从大一开始，就应该在学校职业生涯规划课程的指导下，结合自身兴趣、能力、性格、价值观等制定适合自身的大学学习、生活及社会实践活动的具体规划。在校期间，一方面要认真落实规划的内容，另一方面还要根据环境和形势的发展变化，适时调整职业生涯规划，确保能在毕业时找到最合理的职业定位。

确定求职的方向，需要重点考虑这些因素：工作性质、工作岗位、发展机会、工作地区、薪酬福利等，这些因素不同的优先加权及排列组合，体现了不同的价值取向，面临选择时，可以根据不同工作将这些因素按重要程度排序，加以对比，有利于厘清思路，做出正确选择。也可采用决策平衡单来协助决定。

（二）正确求职信念

拥有坚定的信念和强大的心理是大学生顺利就业的重要保证。首先，要设立恰当的就业期望目标。大学生要客观、合理地评估自身的专业知识技能、性格爱好特长、综合能力素质等，在此基础上考虑匹配的职业岗位。同时，在选择职业目标时不要只考虑物质待遇而忽视个人成长发展空间和社会价值。其次，要以动态发展的眼光看待就业过程，不能以一次就业是否成功为标准来判断职业生涯的发展，要把握时代变化、紧跟时代步伐，打破预设的就业框架，根据社会的变化和需要不断调整就业观。思想决定行动，就业观对就业选择和从业行为具有导向和推动作用，对职业生涯发展具有决定性影响。因此，正确的就业观是成功就业的前提，面对就业过程中出现的新情况、新问题，要认真研究分析，更新思想认识，找到适合自己的新思路、新办法，并且树立终身学习、终身就业的思想观念。

（1）初次就业目标要符合实际。既要仰望星空，更要脚踏实地。首先选择定位不要过于局限，不要苛求专业对口。其次只需定位大致方向，不需要确定具体岗位。最后不断调整从而适应新的就业形势。在选择就业地区、单位和岗位时，要注意根据自己的兴趣、性格、特长、能力等确定基本方向，以发挥自身特长和潜能为基本出发点，确定出基本目标、理想目标和最佳目标。

（2）主动提升就业能力。就业能力的基础是专业能力，另外还包括沟通表达能力、人际交往能力、团队合作能力、求职技巧等。大学生年轻有为，好学上进，要敢于实践，勇于尝试，直面挑战，不惧挫折，多学习、多实践、多总结、多感悟，以积极的心态有针对性地坚持学习和锻炼，提高自身综合能力。

（3）保持积极的就业心态。强化自信，坚定信念，尽可能多渠道广泛搜集招聘信息，主动争取机会，多尝试、多锻炼，保持健康向上的积极状态，面对挫折不气馁，不逃避，坚信自己一定能找到理想的工作。

（三）强化求职竞争力

《中华人民共和国高等教育法》规定："高等教育的任务是培养具有创新精神和实践能力的高级专门人才，发展科学技术文化，促进社会主义现代化建设。"培养大学生的实践能力是高等教育的重要任务和历史使命。实践能力不仅是高校在人才培养方面的重要内容，更是增强大学生就业竞争力的重要选择。通过社会实践，积累工作经验，提高创新精神，开发和突破自身潜力，积淀就业资本，打造求职的竞争力。另外，大学生要调整就业心态，积极向上，主动制定适合自己的、合理的职业规划。

（四）拓展求职渠道

1. 线上找

（1）线上找的优势在于方便快捷，成本低。为节省时间，找到可靠、真实的招聘信息，建议高度重视、及时关注学校网站的招聘信息，可信度高，就业成功的概率也大。

（2）个人有意向的单位官方网站。信息时代，各行业各单位都建立了自己的官方网站，其中的招聘信息真实可靠，还有联系方式、电子邮箱和地址等，还可以了解该单位最新的情况和更全面的信息。

（3）中国就业网、全国人才网、高校毕业生就业网等国家级部委举办的人才招聘网站，还有省级人社部门、教育部门的政府招聘网站。这些政府部门的网站信息权威性强、较为可靠。

（4）各类社会招聘网站。

2. 线下找

线下找主要是通过亲朋好友介绍和推荐工作机会。这种途径得到的信息直接、可靠，特别是对于老师、学长提供的就业具体信息，更要高度重视，珍惜每一次机会。

3. 就业见习

“百闻不如一见，百见不如真练。”对于理想的单位，如果目前暂时没有机会进入工作，可以先申请实习，一方面可以积累经验、锻炼能力、提升自己；另一方面，也能先熟悉单位情况，等时机成熟再争取留下，这样“曲线救国”也是不错的选择。

4. 自主创业

创业对就业有倍增效应。对于高校毕业生创业，国家在融资、贷款、场地等方面都制定了优惠政策，大力支持以创业带就业。创业相关优惠政策的具体信息，可以向当地人社部门、教育部门了解，或查询官方网站。用好优惠政策，助力事业起步发展，也是一种重要能力。

如果打算创业，那么对于创业要面临的艰辛和风险要有充分的心理准备，可以提前参加学习训练或到创业公司实习了解。国家和地方政府都开设有专门的创业孵化类培训课程，或创业相关在线培训，也有专门的创业指导师提供指导和帮助，有些地方政府还提供免费或优惠的场地资源扶植大学生创业实践。

5. 国家项目

《关于应对新冠肺炎疫情影响强化稳就业举措的实施意见》（国办发〔2020〕6 号）可以提出，扩大了基层就业规模。各级事业单位空缺岗位将提高专项招聘高校毕业生的比例；开发城乡社区等基层公共管理和社会服务岗位；扩大“三支一扶”计划等基层服务项目招募规模等；扩大 2020 年硕士研究生招生和普通高校专升本招生规模；扩大大学生应征入伍规模，健全参军入伍激励政策，大力提高应届毕业生征集比例。关注当前国家在就业方面出台的政策和支持的项目，能得到更多的信息和机会，在响应国家号召中实现成功就业。

6. 学习实用技术

当前，一方面大学生就业难，另一方面企业招聘不到合格的技能人才，这成为就业领域的结构性矛盾。针对这种情况，党的十九大明确提出要大规模开展职业技能培训以及要建设知识型、技能型、创新型劳动者大军。2019 年 5 月，国务院办公厅印发了《职业技能提升行动方案（2019—2021 年）》，提出用 3 年时间，使用 1000 亿元失业保险资金结余，补贴培训 5000 万人次，即“315 工程”，将重点关注大学生群体，促进大学生训练实用技能、提高就业能力。

7. 持续求职

新冠肺炎疫情对我国大学生就业造成了不利的影响，国家在政策层面也进行了调整，进一步增加服务内容，放宽服务的时间，优化服务方式，鼓励大学生持续求职、高质量就业。

三、面试技巧

面试是大学生求职过程中最紧张、最具挑战性的关键环节，面试可能直接决定此次求职是否成功，了解和学习面试的技巧并灵活运用，将有助于大学生在面试中表现更出色，获得面试官的青睐，通过竞争获得宝贵的工作机会。

（一）面试准备

1. 简历，是求职的敲门砖

好的简历能让求职者获得面试的机会，得到用人单位的青睐，相反，一份不达标的简历会将求职者提前淘汰出局。因此，制作简历是求职的第一步，需注意以下几点：

（1）用心编写、扬长避短

简历代表的是求职者本人，每个求职的大学生应严肃、认真地为自己量身定做简历，剖析自身优势、凸显与众不同，强调专业特色、重量级奖学金获得情况、大型活动的志愿者、竞赛获奖、文体特长等方面，以吸引面试官。

（2）简明扼要、斟字酌句

好的简历应该简洁、明快，内容丰富、全面而不繁杂，要历经反复修改、提炼，每一字、每一句都要用心斟酌，确保文字表达流畅、版面设计优美。

2. 心理准备

接到面试电话通知时要保持平和的心态、稳定的语态，注意感谢对方的通知。面试前要进行积极的自我心理暗示，强化自信，提前演练面试中可能遇到的问题和困难，做好应答策略准备。

3. 饮食作息准备

面试前一天，要调整好作息，不要熬夜，注意饮食安全，保持良好的身体状态和精神状态。切忌吃一些刺激性气味的食物，比如洋葱大蒜一类，可能会引起面试官反感。

4. 信息准备

事先应收集好应聘单位的资料，包括单位的基本情况，近期的业务发展、未来的规划等。也可以收集面试官的有关情况，在应聘前多了解他们的偏好和习惯，在应聘时或许会有一些帮助。

5. 材料准备

面试前一定要将自己的成绩单、获奖证书、推荐信等材料准备好，按顺序、有条理地排列装袋，便于需要时及时找到。

6. 服饰准备

求职者的装扮一定要稳重正式，大方得体。男士最好着正装，衬衣和领带要搭配选好，皮鞋要擦干净，袜子足够长，公文包要简单，头发干净整洁。女士可以选择职业套装，还应注意妆容，切勿浓妆艳抹，以自然淡妆为宜，鞋跟不要太高。

7. 其他准备

求职者一定要在约定的时间之前到达，提前到达不仅可以表达诚意，还有利于从容调整心态。到达之后可以安静坐下，稍做休息，也可以再次整理一下自己的仪表。等待期间要保持文明礼貌。

（二）面试礼仪

面试礼仪能体现出尊重他人、待人接物的礼貌修养和良好素质，是面试考察的重要内容之一。注意学习和运用面试礼仪，能让大学生在激烈的竞争中脱颖而出，获得面试官的认可和欣赏。

1. 进入面试场地时要从容

被通知进入面试场地时，如果门是关着的，应先敲门，得到允许后再进入。注意开关门的动作要轻，但不要过于拘谨，应自然从容。见到面试官时应主动问好致意，注意称呼应当得体。不要急于落座，在用人单位请你坐下后，应道声“谢谢”迅速落座。坐下后应注意保持良好坐姿，切忌左顾右盼，大大咧咧，引起反感。

2. 冷静回答用人单位的问题

当对方介绍情况时，要认真聆听，同时，可以在适当的时候重复、点头或应答表示已听懂并感兴趣。回答面试官的问题时，音量要适度，口齿要清晰，内容要完整、简练。注意不要打断面试官的问话，不要抢问抢答，否则会留下鲁莽、急躁、不礼貌的印象。当问话完毕，如不清楚时可要求重复。当回答不出某一问题时，应坦诚谦虚，如实告知，若胡吹乱侃或含糊其词很可能导致面试失败。对于重复的提问也要耐心回答，不要表现出不耐烦的情绪。

3. 大方得体，谦虚谨慎，积极热情

如果面试过程有两位以上面试官，回答问题时，目光应主要注视提问的面试官，并适当环顾其他面试官以表示尊重。交谈时，眼睛要注意对方，不能东张西望，漫不经心，也不能低头或仰望，显得缺乏信心。对于有争议的问题，不要情绪激动地与用人单位争辩，而要冷静地保持不卑不亢的态度。面试时如遇到一些无理问题，有可能是对方故意试探，没有必要动怒争辩，甚至恶语相向，要始终保持冷静的头脑、谨慎的态度和清晰的表达。

4. 回答问题时应注意以下几个方面：

（1）抓住重点，简洁明了，条理清晰，有理有据

一般情况下，回答问题的模式要结论在前，论证在后，先将中心主题表达清晰，态度明确，然后再做详细、充分地论证和叙述以支持中心观点。否则，先讲长篇大论，容易跑题，也会让人不得要领、失去兴趣，如果时间有限，甚至无法表达出核心的观点。

（2）具体翔实，避免抽象

回答问题时不要简单地仅以“是”或“否”作答，应针对问题，解释具体原因和情况，或说

明程度，如果不讲原委，简单回答，往往会给人敷衍了事的印象，无法给面试官留下生动具体的印象。

（3）确认问题内容，切忌答非所问

在面试中，如果不能理解面试官提出的问题，可先将问题重复一遍，再谈自己对这一问题的理解，请教对方以确认问题。对不明确的问题，一定先要搞清楚再回答，这样才能做到有的放矢，不至于答非所问。

（4）有个人见解和特色

对于普遍性问题，具有特色的、深刻的、独到的个人见解和个性化的回答，能引起面试官的兴趣和注意。

（5）知之为知之，不知为不知

遇到回答不了的问题时，坦率诚恳地承认自己的不足，并谦虚地表示需要加强学习，比默不作声、回避闪烁、不懂装懂更能赢得面试官的信任和好感。

（三）面试后细节

1. 致谢礼仪

面试结束后，要起身向现场的面试官和工作人员致谢。感谢他们给予面试的机会，同时特别感谢面试官的辛苦付出。

2. 关门礼仪

面试结束后离开面试室时，应注意随手关门。关门动作要轻，不要造成很大的动静，不然还会给面试官留下不好的印象，注意细节，即使面试结束了也要将礼仪训练为待人接物的习惯。

3. 感谢信

在面试结束后的两三天内，可以给招聘人员写一封感谢信，这样可以加深招聘人员对自己的印象，增加求职的成功率。感谢信应简洁明了，长度不要超过一页纸，内容中要提及自己的姓名、面试时间及简单的情况，并对招聘人员和面试官表示感谢，信的结尾还可以表达对应聘成功的信心，以及对招聘人员及单位的祝福。

4. 耐心等待结果

在面试结束后，一般情况下，面试官要进行讨论和筛选，然后报单位人事部门汇总，最后确定录用人选。在这段时间内求职者要耐心等候，不要过早打听面试结果。

（四）面试时说话的技巧

面试并不一定采用一对一或多对一的问答方式进行，有的面试形式并不十分正式，比如谈话面试，面试官和应聘者像聊天一样谈话，气氛轻松自然，面试官会在看似轻松的谈话中了解应聘者的各方面情况，如果应聘者放松警惕、不注说话技巧就容易暴露自身不足，因此，掌握说话的技巧对应聘者来说是非常必要的。

（1）在谈论任何话题开口前要明白说话时应传递的信息，内容应积极向上。

（2）应聘者应时刻牢记，无论回答或讨论任何问题，都应向面试官明确表达以下信息内容：你诚实正直，积极健康，值得信赖；你对该单位的发展是有利的，你可以解决工作中遇到的问题；你有较强的沟通能力、团队合作精神和较好的人际关系；你有明确的人生目标和强烈的工作意愿。

（3）三思而后言，开口前先打好腹稿。面试官希望通过提问和谈话让应聘者多说话，了解其简历中不能提供的信息。而应聘者一定要思路清晰，说话前要在脑子里快速思考，同时把握尺度，该说的就说，不要求说的不要画蛇添足。

（4）恰当地谈论自己。面试时要介绍自己，特别是自身的优势，但切记不要谈论过多。面试谈话的技巧之一就是要从面试官的角度出发，谈话时论及自己适可而止。话题应更多地围绕单位的发展，以面试官为中心来主导开展，这样面试官会感受到你的尊重和得体。当你的观点与面试官相同时，可以简单地用“我也……”来表示认同，只要赞同对方，就能获得好感，否则容易给面试官留下骄傲自大的印象。

（5）切勿逞强好胜。面试谈话中出现观点上的意见分歧时，切记不要争论不休，逞强好胜。应了解不同的角度和观点，微笑地看着对方，等待话题的结束。如果面试官误解了你表达的内容，不能鲁莽地说：“你没听懂我的话。”或急于解释：“我不是那个意思。”而应该委婉地表达请求：“我想解释一下刚才说的话。”

（6）巧妙地提出反对意见。当面试中不得不表达反对意见时，要先对面试官的观点表示部分赞同，然后再提出自己的不同看法。这样可以减少情绪冲突，让对方更容易接受你的观点。在表达不同观点前可以这样铺垫：“我的看法可能不太周全，也不够成熟。”为自己留下余地。

（7）诚实为本。面试谈话中尽可能树立诚实正直的形象，回答问题时坦诚大方，不要回避闪躲或虚伪迎合。对于面试中不会回答的问题，应诚实告知，并表示以后会加强这方面的学习，切忌不懂装懂。

（8）情绪稳定，表达流利，吐字清晰。语言表达能力是大学生平时应重点培养的，也是面试时考察的重点内容之一，要学会克服胆怯紧张的情绪，流利准确地表达自己的观点。同时，吐字清晰，声音洪亮，语速适中，能表达自信，让面试官更愿意听你说话。

（五）面试中的问与答

面试前，面试官对应聘者的了解仅限于简历中的信息。面试过程中，通过提问和谈话交流，面试官逐渐了解应聘者的性格特点、能力水平、处事方式等，并设想他在未来工作中的发展。诚实、巧妙、高情商地回答问题，是获得面试成功的关键。以下提供一些常见的问题及解答建议供参考：

1. 请简单地做个自我介绍。

分析：这个问题通常会作为面试的第一个问题出现，目的是对应聘者有个大概的了解和初步的印象，而后面的交流也会围绕这个问题的回答展开。

解答：如果没有要求，自我介绍的时间不宜过长，一两分钟较为适宜。回答内容必须突出重点，根据自身优势和应聘岗位的特点，说明你很适合，并能胜任这个岗位。

2. 你认为自己最大的缺点是什么？

分析：听到这个问题不用尴尬，有缺点很正常，人无完人。面试官的目的是了解你的自我认知能力，并了解你的态度是否坦诚。毕竟，能直面缺点的人是诚实且令人尊敬的。

解答：如果回答“没有什么缺点”是不明智的，会给人以狂妄自大的印象。但在面试时暴露自己的致命弱点，或是不适合这个岗位的劣势也是自绝后路。你的答案既要诚恳说出自己的缺点，又要无伤大雅，不影响未来的工作和发展，甚至这个缺点从某个角度看又像是优点。同时，也注意把握分寸，否则会给人留下耍小聪明的印象。

3. 你有什么爱好特长？

分析：这个问题的目的是了解你的生活习惯、性格特点等。很多单位都越来越看重员工的特长爱好，这对单位营造良好的文化氛围十分重要。

解答：不能说没有兴趣爱好，也不能说庸俗乏味、过于小众的爱好。可以结合应聘岗位的特点，说几个能展现个人性格特点的爱好。

4. 你了解我们单位吗？

分析：面试官想通过这个问题了解你应聘的诚意。

解答：回答这个问题需要面试前通过各种渠道收集单位的相关信息，越全面越好，特别是对于行业和单位的发展要加强了解和思考，面试时以谦虚的态度向面试官展现你的诚意及独到的见解，表达你对这次面试的重视和对该单位的关注。

5. 你为什么来应聘这个工作？

分析：这个问题是在问你对应聘职位的具体情况是否了解，而你的能力是否与之匹配。

解答：要告诉面试官，应聘这个岗位是你在了解岗位的具体情况后，经过深思熟虑做出的慎重的决定，而你个人的能力也能胜任这个岗位，不能简单地说应聘这个岗位是为了学习提升，或为了薪酬待遇等。

6. 我们为什么要选择你？

分析：通过这个问题，面试官可以了解你是否自信，同时也可以进一步了解你的性格特点。

解答：回答这个问题时一定要坚定而充满自信，可以列举一些你过去获得的成绩，充分具体地展现自己的优点。同时，也要注意把握分寸，体现出对其他应聘者的尊重，切忌抬高自己贬低他人。

7. 你考虑过以后继续深造吗？

分析：这个问题旨在了解你对职业生涯有无长远的规划和目标。

解答：回答这个问题要谨慎，如果说暂时没有计划继续深造，那么你同时要表明自己不是一个安于现状、不思进取的人；如果回答要继续深造，那么你应该进一步表明态度，要得到单位领导的同意，并且不会为此而影响工作。

8. 如果今天你应聘成功了，你下一步将怎样开展工作？

分析：这个问题是考查你是否了解应聘岗位的具体工作，同时了解你思考策划工作的能力。

解答：回答这个问题需要面试前收集应聘岗位的相关信息，特别是要熟悉具体的业务工作和内容，参考相关的工作计划，面试时要以谦虚的态度向面试官展现你充分的准备及对工作计划的思考。

9. 你如何评价你的学校 / 辅导员？

分析：面试官并不想具体了解你的学校 / 辅导员，只是通过你的回答了解你为人处世的方式。

解答：无论你是否喜欢你的学校，跟你的辅导员关系如何，都应该给予客观、中肯的评价，回答最好是积极正面的，同时表达感恩之情。

10. 工作中如果与领导意见不一致你会怎么办？

分析：这个问题考查的是你的沟通能力、人际交往能力和解决问题的能力。

解答：回答这个问题既要积极沟通，恰当地表达出你的意见，又要体现出对领导的尊重和较强的团队精神。

11. 因工作需要派你到外地工作你愿意吗？

分析：这个问题实际上是在考查你是否服从单位的安排。

解答：无论你是否愿意被安排到外地工作，面试时都应该给予肯定的回答。因为这有可能只是考验，即使工作后面临这个问题，那么到时还有机会考虑和决定。

12. 你同时还在应聘其他单位吗？情况怎样？

分析：通过这个问题，面试官想了解你对单位的诚意。

解答：即使你确实准备参加若干单位的应聘，面试时也不能这么直白，而应尽量突出对该单位的诚意及选择优先级，其他选择是这次应聘失败的后路。

13. 你还有什么想了解的情况吗？

分析：这个问题意味着面试即将结束，你取得主动提问的机会。

解答：有水平的提问能在最后关头为自己再加几分，要事先准备好问题，最好能体现出你扎实的专业基础知识和出色的实践能力。切忌提出有关工资待遇福利等敏感的问题。

本章小结

在日趋严峻的就业形势下，即将毕业面临求职的大学生需要做好充分的准备，在思想认识上，要培养勇于竞争、终身学习的意识，将职业理想与现实情况有机结合起来，做好从学生到职业人的社会角色转换的心理准备。了解和掌握当前国家、地方和学校出台的就业政策，学习有关就业方面的法律法规，了解国家的发展战略和经济建设的任务，了解就业市场总体情况，清楚所学专业的培养方向和发展前景，以及有意向的单位及岗位的具体情况和招聘要求。为顺利就业，要有针对性地培养自身的人际交往能力、沟通能力、思维能力、团队合作意识及责任意识。

由于各种主客观原因，目前大学生对情商的培养不够重视，情商素养普遍缺乏，表现为自我认知不足，缺乏自信心，自控能力低，抗挫折能力弱，缺少人际交往锻炼，社会适应力不足，职业发展目标模糊，竞争意识和创业意识淡薄等，这让大学生在就业过程中的表现大打折扣。情商在就业全过程各个环节中发挥着重要的作用，情商培育有利于提高就业的竞争力、求职能力、适业能力及工作能力，情商在择业过程中起着导向作用，在适业过程中起着调控作用，在从业过程中起着中介作用。当前，社会的发展进步对人才提出了更高的要求，未来的人才必须是以专业知识技能为基础、以高情商素养为引领的高素质人才，现代企业也更青睐于心态积极健康，有较强的人际沟通、交往能力、抗挫折能力和有团队合作精神的求职者。因此，培养大学毕业生的就业情商势在必行。

就业过程中可以运用情商培训提高大学毕业生的求职竞争力，比如前期准备时强化大学生的自我认知和自我激励，树立正确的就业观；中期择业时学会感知他人情绪，保持自信心和乐观的心态；后期适业过程中强化人际交往能力，正确认识工作的价值和意义，尽快适应职场、融入团队。

复习思考题

1. 谈一谈面对日益严峻的就业形势，大学毕业生应做好哪些方面的准备？

2. 情商对大学生就业有哪些重要的作用？

3. 大学毕业生在求职面试时应掌握哪些说话和面试的技巧？

4. 请和小组成员配合组织一场模拟面试，并扮演好求职者的角色，通过练习讨论面试中应注意哪些问题。

第八章
职场情商

要想走上职场的康庄大道，除了掌握专业技能以外，还需提高职场情商。长期以来，人们更看重智商在人成长和发展过程中的作用。目前来看，情商在职场中也发挥着重要作用。丹尼尔•戈尔曼在《情商》一书中指出："智商决定录用，情商决定提升。"随着情商受重视程度的飙升，企业也越来越重视职场情商的培养。

职场情商是一种将情商理论应用于职场的方法论，注重职场中的情绪调节、人际交往和同理心，以健康的状态适应工作环境，更好地实现人生价值，同时也给企业或团队带来价值。

一个高情商的人，不仅能在工作中得到别人的帮助，也更容易和别人合作，甚至得到领导赏识。在智商相差无几的前提下，情商往往能决定人的发展高度。无论你是职场小白，还是驰骋职场多年的老手，都需要努力提升情商素养，适应职场环境，为走向人生巅峰添砖加瓦。

第一节　职场情商概述

职场情商是情商理论在职场中的具体实践，职场情商更侧重对自己和他人在工作中对情绪的了解与把握，以及如何处理好职场人际关系，是职业化的情绪能力的具体表现。

一、职场情商的价值

丹尼尔•戈尔曼在对 181 个能力模式进行研究时发现："被认为表现优异所必需的能力中有 67% 属于情感能力。情感能力与治理和专业技能相比，前者的重要性是后两者的 2 倍。无论是什么工作领域，无论是什么样的公司，情感能力都同样重要。"❶ 不可否认，个人才智的确是获得出色业绩的要素之一，但认知能力如把握大局和长远规划的能力，也非常重要。可以这么说，职场情商的高低直接决定和影响着职业素养的发展。

"拥有高职场情商的人，在工作中能够非常理智地考虑问题，避免冲动，自然有过人的吸引力、影响力，振臂一呼，应者云集。"❷ 职场高情商者善于控制自己的情绪，始终让情绪保持在一个相对稳定的范围内，能够与人友好沟通，自然在职场群体中具有良好的声威名望和

❶ 丹尼尔•戈尔曼 . 情商：影响你一生的工作情商 [M]. 北京：中信出版社出版，2018.

❷ 吴成林 . 职场情商——职业人士成功素养 [M]. 北京：新华出版社，2006.

群众基础。职场高情商者，善于合作，能够发挥团队的力量高效完成任务。职场高情商者遇到工作压力时，能够正确面对、主动思考、积极求变，以解决问题为导向，从而化压力为动力。

总之，良好的职场情商有助于我们正确认知和驾驭情绪，建立和谐的人际关系，从而充分调动各方资源，做出恰当决策，保障工作高效推进。职场情商是每个人在职场打拼的必备素养，也是个人职业发展的必修课。

二、职场情商的内涵

自我认知、自我调控、内驱力、同理心和人际关系管理（社交能力）五要素是学习运用情商能力的基础，同样也是职场情商的主要维度。

职场情商的主要维度

职场情商内涵	内涵要素
自我认知	（1）情绪意识；（2）准确的自我评估；（3）自信心
自我调控	（1）自制力；（2）诚信；（3）责任心；（4）适应能力
内驱力	（1）成就驱动力；（2）献身精神；（3）主动性；（4）乐观精神
同理心	（1）善解人意；（2）帮助他人进步；（3）服务定位；（4）利用多元化优势；（5）政治敏感
社交能力	（1）感召力；（2）交流能力；（3）控制冲突的能力；（4）领导力；（5）应变能力；（6）凝聚力；（7）协作能力；（8）团队领导力

1. 自我认知，职场情商的第一要素

自我认知是指对自身情绪、优势、劣势、个人需求和内驱力的深刻洞悉。有良好自我认知的人，待人处事既不过分苛责，也不背离原则，对人对己都秉持一种诚实的态度，清楚自身情感对自己、对他人，以及对工作表现会产生怎样的影响。同时，自我认知还可延伸到对自身价值观及目标的认知，即一个能够清醒认识自己的人，知道自己追求的是什么，以及为什么追求。

2. 自我调控，职场情商的重要组成

自我调控犹如一场持续的内心对话，帮助我们从自己的情绪中解放出来。工作中，免不了会产生各种情绪，当情绪出现时，是任由情绪左右，还是善于把控好情绪，便成了区分职场情商高低的重要指标。此外，相关研究还表明，过度宣泄负面情绪无益于优秀领导力的发挥。

3. 内驱力，高效职场者的必备素质

对具备内驱力的人来说，关键在于获得“成就感”。在内驱力的推动下，他们能超越自我期望和他人期望，执着追求更高成就。追求成就感的人会寻求创造性的挑战，他们热爱学习，并且为出色完成每项工作感到自豪；他们具有坚持不懈的精神，总想把事情做得更好。

有趣的是，内驱力强的人即使在工作状态或业绩不佳时，仍能保持乐观。这是因为，在自我调控与成就动机的共同作用下，他们能有效克制挫折或失败带来的沮丧和消沉。

4. 同理心，优秀领导者的突出品质

精细分工与团队协作已成常态，企业对人才的需求与争夺也愈发激烈，作为领导力的组成要素之一，同理心显得尤为重要。需要强调的是，同理心并非总是替所有人考虑，或是因为担心伤害别人，难以果断做出决策。事实上，有同理心的人对身边的人并不只是给予同情，还能基于对他人的了解，以潜移默化且影响深远的方式改变公司面貌。

5. 社交能力，职场情商的集中体现

社交能力集中体现了职场情商各要素，如社交能力强的人善于管理团队，善于创造和谐融洽的氛围。能认识和把握自身情感，又能体会他人情感的人，往往能有效处理人际关系，这是自我认知、自我调控和同理心的综合体现。

以上阐述了职场情商的重要性，但如果因此否认智商和专业技能的重要性，无疑是片面的甚至愚蠢的，二者对获得职场成功来说非常关键，起着重要的支撑作用。但如果缺少了情商，职场的这份“成功配方”势必是不完整的。

第二节　职场角色转换与适应力

人在社会化的过程中要不断地扮演或转换各种角色，角色转换又叫角色过渡，简单地说，就是新旧角色的转换、更替，这种角色的变换是经常的。例如，大学毕业生从学校步入社会，从一个相对单纯的校园环境进入竞争激烈的社会环境，这个过程意味着个体需要摆脱前一种角色行为模式和心理特点的影响，而发展另一种角色所需要的一整套的行为模式和心理特点，调整状态进入新的角色，以期更好地实现新角色所赋予的任务。这就需要尽快转换到职场角色，适应职场生活，掌握职场处事之道，才能在职场中如鱼得水。

一、角色转换

初出校园，大学毕业生在一段时期内难免对学校仍旧有所依恋，面对新的就业岗位、新的人群和新的环境，可能会出现不适应的现象。比如对职业角色存在认知偏差，处事方式不灵活，工作能力有欠缺等。要想在职场起好步、发展顺，必须学会主动适应。任何事情都讲究时机，机遇总是留给有准备且准备得更充分的人，以下是学校和职场环境与学习过程的对比。

学校和职场环境与学习过程的对比

学校环境	职场环境
1. 弹性的时间安排	1. 较固定的时间安排
2. 你能够逃课	2. 你不能无故缺勤
3. 更有规律、更个别的反馈	3. 无规律和不经常的反馈
4. 长假和自由的节假日休息	4. 没有暑假，节假日休息很少
5. 问题有正确答案	5. 很少有问题有正确答案
6. 教学大纲提供清晰的任务	6. 任务模糊、不清晰
7. 分数上的个人竞争	7. 按团队业绩进行评估
8. 工作循环周期较短：每周1～3次班级会面，每学期为17周	8. 持续数月或数年的工作循环
9. 奖励以客观标准和优点为基础	9. 奖励更多的是以主观性标准和个人判断为基础
你的老师	**你的领导**
1. 鼓励讨论	1. 通常对讨论不感兴趣
2. 规定完成任务的交付时间	2. 分派紧急工作，交付周期很短
3. 期待公平	3. 有时很独断，并不总是公平
4. 知识导向	4. 结果（利益）导向
学校的学习过程	**职场的学习过程**
1. 抽象性、理论性的原则	1. 具体的问题解决和决策制定
2. 正规的、结构性的学习	2. 以工作中发生的临时性事件和具体真实的生活为基础
3. 个人化的学习	3. 社会性、分享性的学习

职场以绩效为导向，注重团队协作与文化建设，通过职务体系和工资制度来体现个人价值。职场中问题的呈现更加直接，也更为复杂，大多数情况下，职场中的问题没有标准答案，没有最好，只有更好，也正因如此，在职场打拼如逆水行舟，不进则退。因此，从学校步入职场，需要转换思维模式，以下是学校思维模式与职场思维模式的对比。

学校和职场思维模式的对比

学生思维→转化成的"职场固化思维"		正确的职场思维
所有题目都有标准答案，包括阅读理解题	认为工作中遇到的所有问题也有标准答案	没有最好，只是在有限的范围内寻找不同方案，然后在不同方案中选优
条件与问题是一一对应关系。通过已知解未知	工作中遇到问题，只用已知条件来解决，不探索未知条件，也不考虑条件将来发生的变化	寻找未知条件，预测条件的变化，排除干扰条件的影响
解题时不计时间成本	解决工作中的问题时不讲究效率	要在有限的时间内完成，追求效率和效果
学习成绩是我一个人取得的，没有团体加分	个人英雄主义情结重，不请教，不考虑团队作战	成绩更多的时候要靠团队来一起创造，就是目标一致，优势相补，分工协作
学习成果要靠老师来检验，关注考试成绩和名次	自己做得好坏，让领导来检验，完成任务时总期望领导给打个高分	成绩结果要靠客户来检验，而不是上级领导，建立以客户为中心的职业理念
老师永远知道正确答案	要求领导知道正确答案	努力探求问题的正确答案，包括上级不知道的
在老师的督促和帮助下学习	自己不努力，总希望领导督促	自己学习，终身学习
学习主要在课堂上完成	只想在8小时内工作，下班后不占用休息时间工作	很多成绩的获得，其努力是在8小时之外付出的
只需要回答解决方法，不需要问为什么这么做	脱离目的提供解决方法	始终把握目的，给出的方法才更贴近实际

从上表可以看出，从学校向职场思维模式的转变，需要更加注重效率和团队协作，以结果为导向，不断加强全方位的学习。下表则是从目标、规范和评价等方面进行的对比。

校园和职场的多维度对比

	校　园	职　场
目标不同	短期目标是应对考试，长期目标是完成学业，谋求职业	短期目标是完成任务，长期目标是职业发展，实现自我
要求不同	学会学习、学会做人、学会生存	学会生存、学会学习、学会做人
计时不同	学期、学周、学时	绩效月、工作日、工作时
规范性不同	解决“结构化”的题目，往往有标准答案	职场奉行“没有最好，只有更好”，随时迎接可能会出现的新问题
评分人不同	老师、同学	老板、同事、客户、甚至对手
承担人不同	父母买单	自我买单

从上表可看出，职场更加注重任务完成和自我实现，而学校以提升自身的素质和应对考试为目标。从学习的角度来看，职场更注重生存和做人，对解决问题的能力要求很高，企业更看重个人能否为团队带来效益。

学校和职场的协作、竞争和处事对比

独立思考	团队合作
在学校，被重视的是学生独立学习与独立思考的能力，团队合作能力在学习过程中并不是主要指标	在职场中，更被重视的是团队的成功，依靠个人能力完成的工作很少，一个人事业的成功率往往需要依靠团队的成功来达到
学业竞争	**岗位竞争**
学校里的压力通常来自学业的压力，同学们之间偶尔也会有竞争，可这种竞争不会形成淘汰	职场中的竞争与压力比学校要激烈得多，岗位和机会有限，每个人工作的表现和业绩成为个人发展的基础
平等相处	**尊重包容**
学校里面，同学之间相对平等	在职场中，对于上司要接纳和尊重，对于客户应包容和服务，和以自我为中心的学生角色差异很大

可以看出，学生和职场人在主要任务、特点、所处环境、工作要求、人际关系等方面都存在巨大的“质”的差异，这就要求我们在思维习惯、行为方式上主动求变，以适应新环境和新评价体系。

二、职场适应力

用人单位的调查显示，企业对于大学生职业能力和职业素养的重视程度排在首位的，是职业素养（主要是职业态度）。IBM 大中华区人力资源部招聘总监在接受《中国大学生就业》记者采访时讲道：“IBM 认为对于一个优秀的毕业生而言，知识结构和技能都不是问题的关键所在，它们可以通过后天的学习和磨炼得到提高，而唯一不能改变的就是一个人的态度、理念和做事的习惯。此外，自信的精神和风貌、易于沟通的特质和高度的团队精神也是IBM 的几大考核标准。”

根据用人单位对毕业生的职业要求和大学生中存在的相应问题，确定以“力”的概念表达用人单位对大学生的一般职业需求。认为大学生的职业适应能力主要集中在目标、学习、思维、道德、人际、态度、表达、技能、健康九个方面，并由此基本形成了九维适应力构架，这九方面能力是大学生适应职业的必备能力。[1] 九维适应力是既统一又有内在联系的有机整体，其关系模型如下图所示。

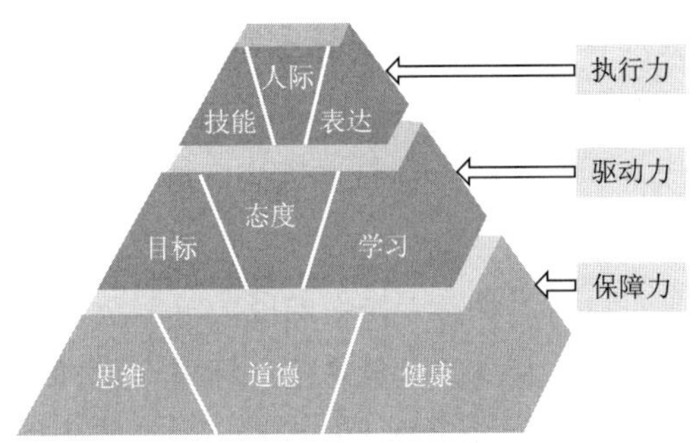

九维适应力金字塔图

在这金字塔模型图中，按照九个适应力在职业发展中所处的位置，可分为三个层次。处在金字塔底层是职业适应的保障力，其中健康是物质保障，道德是人格保障，思维是方法保障；处于金字塔中间的是职业适应的驱动力，其中目标是人生追求的动力，态度是责任驱使的动力，学习是“加油”持续的动力；处于金字塔顶层的是适应职业的执行力，包括通过和谐人际关系产生的执行力，通过科学知识应用形成的执行力，善于表达和沟通而实现任务的执行力。这九个“力”，是各类用人单位对大学生职业素养的共性要求，也是情商五个维度中重要的组成部分。

企业最重视的适应力要素，也是决定大学生就业和职业发展的因素，无论在求职还是在工作中，大学生只有符合用人单位的要求，才能被认可，才能得以发展。比如，面试过程中招聘单位一旦发现毕业生弄虚作假，失去诚信，接收的可能性几乎为零。因此，每个毕业生在校期间就要培养自己适应社会、适应职业的能力。提升职业适应能力，就是提升就业和职业发展力。

职业适应力的九个维度，是针对社会和用人单位所关注的，大学生比较缺失的能力，其针对的问题和解决目标如下。

（1）思维适应力：客观、辩证的积极思维能力。解决大学生因主观、片面、定式思维而产生的消极、脆弱、极端等问题，培养正向、阳光心态，增强抗压力。

（2）道德适应力：遵守社会行为准则与规范的能力。解决大学生存在的考试、贷款、求职和入职后等诚信问题，培养诚实、守信品质。

（3）健康适应力：锻炼体魄，可承受繁重工作的能力。解决大学生存在的心态、运动、作

[1] 任占忠 陈永利 . 大学生职业适应指导 [M] 北京交通大学出版社，2013.

息和饮食中的失衡问题，培养适合的运动习惯和生活卫生习惯。

（4）目标适应力：立志和定向发展的能力。解决大学生存在的职业迷茫、前程困惑问题，培养正确的职业价值观和探索发展方向的能力。

（5）态度适应力：以高度的责任感对待和从事职业的能力。解决大学生存在的做事浮躁、敷衍、怕苦等问题，培养认真、热情和主动的工作态度。

（6）学习适应力：掌握知识和学以致用的能力。解决大学生存在的厌学和死记硬背问题，培养刻苦学习品质，增强悟性，提升融会贯通、运用知识的能力。

（7）技能适应力：胜任本职工作的专业技术能力。解决大学生存在的业务能力低下问题，增强以勤为核心的提升技能方法。

（8）人际适应力：实现人际和谐及善于协作的能力。解决大学生存在的过于自我、多抱怨、多指责、性格孤僻等问题，发展以尊重为核心的人际关系能力。

（9）表达适应力：能说、会写、明礼，准确表达的能力。解决大学生存在的口语沟通、文笔表述能力低下和不懂礼仪的问题，培养说写能力和良好职业形象。

第三节　职场人际沟通

人际交往和沟通对人的一生起着重要作用，直接影响一个人的工作、学习和生活。现代社会，仅仅依靠个人的力量去完成工作是件很困难的事，职场中，人际沟通更是随处可见。如何在人际沟通中保持顺畅，既提高工作效率，又展示高情商，让团队其他成员更愿意与你合作，显得尤为重要。从校园到职场，心态的转变非常重要。许多毕业生在初入职场时，被上司和同事评价还没摆脱“学生气”和“学生思维”，就是因为还没有及时转变心态。提前树立好适合职场的心态，方能在适应工作的过程中更加顺利，也能在职业生涯中更快提升自我并得到升职的机会。

一、职场人际沟通的原则

职场中的人际沟通就是通过减少摩擦、克服内耗、解决矛盾，求得个体与群体的相对稳定与和谐发展。[1]在人际沟通过程中，职场人应遵循基本的沟通原则，才能提高沟通效率。主动沟通，创造良好的工作关系；沟通时，本着实事求是、诚心待人的态度；提高沟通的主动性，缩短与周围同事之间的距离。同时，要克制感情，冷静处理，工作中出现错误时，应主动

[1] 杨连顺，谢义华．职场人际关系与沟通技巧 [M]. 天津大学出版社，2012.

承担责任。通过与部门主管、同事的沟通，增进互相理解及加强人际关系的处理，更好地适应工作环境。

1. 积极主动

积极主动地做好工作，不仅仅满足于完成工作，更要把工作尽力做得完整、完美。职场和校园不同，职场中需要强大的自我驱动力和积极的心态去面对工作，刚入职的毕业生虽然可能不会被分配到非常核心的任务，但仍需要自己去探索这个职位或岗位上使工作精进的方法，在工作中不断学习积累。

根据对部分毕业生的跟踪调查显示，在工作中主动探索优化自己任务方法的毕业生，3～5年后的职业发展态势普遍高于仅仅应付日常任务的毕业生。所以，积极的心态对职场来说非常重要，这种心态不仅可以使职业生涯更加顺利，也能让你在工作中保持热情和好奇心，以积极的心态面对生活。

初入职场，积极主动是沟通的第一原则，要敢于介绍自己，主动建立职场人际关系。同时，也要善于观察和请教，尽快“入乡随俗”，发现组织中常见的礼仪和习惯，学习同事们的处事方式。积极主动向身边同事学习，多请教，保证工作的顺利推进。积极参加各种集体活动，对单位有更全面的了解。对于领导交办的挑战性工作，要克服条件的局限，主动沟通，努力寻找解决问题的方法。

2. 换位思考

换位思考就是有同理心，学会从对方的角度思考问题，更好地理解对方的看法。同情和理解是人际交往的基础。在著名的奈飞公司，如果同事之间因为某个问题争执不休，领导就会要求双方互换角色，尝试站在对方的立场上做辩论。这样不仅能真正实现换位思考，而且更容易找到自己立场中的漏洞，相互理解，从而找到双赢的解决方案。比如会察言观色，有意识地读懂别人的需求；发现、欣赏别人的进步，真诚地为别人喝彩；顾全大局，共谋发展，互惠共赢。

3. 乐于付出

付出是做人的一种境界，也是职场的基本要求，是处世的一种睿智。职场中的人际沟通需要有帮助他人的意识，不计较个人得失，在他人需要帮助时，主动伸出援助之手。乐于付出的人才能得到别人的理解和帮助，这是一个相互的过程。为别人付出后，当你需要帮助时，别人才会更加主动地帮忙。

二、与领导沟通的技巧

工作中，有一项最重要而又最容易被忽视的工作，就是与领导沟通。学会与领导保持良好的沟通，是职场人士的必修课。也许领导对你说，要把工作当成是为自己工作。但如果你真的“为自己工作”了，那你就大错特错了。公司是一个大团队，公司里每个部门又分别组成了不同的小团队，每一个领导都是一个团队的指挥者和协调者。要保证整个团队向更好的方向发展，就需要团队里每个人向着相同的目标共同努力。所以，与领导和同事之间进行充分、有效地沟通十分重要。

作为下属，该如何向领导汇报、请示呢？

1. 工作安排要边听边记

如果领导安排的工作过于复杂，一定要记录下来。日常工作中，为什么领导布置一个任务后，下属执行的偏差那么大？很重要的一个原因是下属疏忽了重要信息。做好记录的优势在于事后可以查阅，不至于将工作内容漏掉。

2. 将任务理解透彻

如果领导明确指示了完成某项工作，下属一定要弄清领导的意图和工作重点。不清楚的地方要跟领导确认，最好快速地复述一遍工作任务。对任务中可能遇到的困难要有预判，最好当面提出，便于领导帮助协调更多的资源。

3. 接受任务之后，向领导提供一个初步解决方案

积极开动脑筋，对即将实施的工作有初步的认识，在方案中详细阐述自己的行动计划，尤其是要制定明确的工作进度时间表。向领导汇报执行方案时，要多听取领导的意见。当自己的意见和领导意见不统一时，如果有足够的理由支撑自己的观点，最好以委婉的方式或者私下向领导汇报，切忌在公众场合提出，让领导难堪。

4. 任务完成过程中，要及时呈报工作的困难与进度

汇报形式可以是非正式的也可以是正式的，让领导知道你的进度，便于监管。任务完成之后还要把成功的经验和其中的不足之处一一列出，以便在将来的工作中能够借鉴或者得到改进。

三、与同事沟通的技巧

在职场中，与同事沟通的机会最多，也最容易被人忽视，如果缺乏基本的沟通技巧，可能会为成为工作的障碍。因此，学习并应用同事间的沟通技巧，才能高效解决问题。

1. 快速融入新的职场环境

初入职场，要逐渐改变学校的思维模式，尽快适应办公室的氛围，了解身边的同事，熟悉自己的工作业务内容。初入职场，许多人都很担忧，自己经验不足，会不会被针对，该采取什么样的沟通方式才能更好地与他人相处，有的人甚至有初入职场恐惧症。特别是刚从学校进入职场的菜鸟，更是充满忧虑，对未来感到惶恐。这是一种正常现象，毕竟学校和职场环境不同，不过要相信，年轻人对职场的适应力很强，经过一段时间的过渡，都会逐渐适应职场环境。如何才能快速融入职场新环境，以下几方面需要特别注意。

（1）通过语言表达，让新同事知道你需要帮助。一般来讲，职场中对新人的要求是比较宽松的，对工作也有一定的容忍度。因此，作为新人，要善于向同事求助，毕竟他们先进入职场，更有经验，毋庸置疑，他们的经验能够让你少走很多弯路。曾经有一个新入职的员工不愿向同事求助，过分高估自己的能力，经过一周的摸索，一个简单报表仍然没能够做得很完美。其实，身边很多同事对这块工作内容非常熟悉，也知道哪些地方容易出错，只是，这位新人没有主动询问，其他同事也以为他能够圆满完成任务。有时，会遇到一些好心的同事，主动帮助你。他们会在工作时提醒你，这项工作哪些地方容易出错，需要特别小心。面对此类情形，新人要表达感激之情，特别要虚心接受别人的意见，下次遇到困难，别人才愿意在事前告知，避免你事倍功半。

（2）踏实认真做事，做人谦虚低调。生活中，认真做事，低调做人是不二法则。初入职场，是给同事及领导留下良好的第一印象的关键时期，领导、同事都会通过你的工作和为人处世来考察你，如果第一印象很糟，后面将很难改变这种印象。因此，职场生存需要把握几个原则。首先做事要认真。无论是领导交给的任务，还是和同事合作的工作事项，都要竭尽全力去完成。在职场初始阶段，你的工作能力和工作态度决定了你之后的职场之路是否顺畅。其次做人要低调，无论你的学历或者家境如何优越，都不能在职场中过于张扬。尤其是新人，同事们或多或少都在考察你的人品，因此，要尽可能克服坏习惯，学习优良品质，在团队中传递正能量。

（3）遇到嫉妒你的人，适当暴露自己的一些劣势。初入职场，经常会遇到受人嫉妒的情况：你的学历可能是办公室里最高的，有些低学历者对你嫉妒有加。你的长相可能是办公室最出众的，经常会招来他人的白眼。作为新人，你的业绩可能是最好的，别人也会在背后议论。面对诸多受人嫉妒的事项，你可能感到非常无奈，但是没办法。面对这些情况，不卑不亢，不要把别人认为的优势挂在嘴边，更不要作为自己骄傲的资本，正常面对最为妥帖。

为了让人心理平衡，适当暴露自己的一些劣势，方为明智之举。比如，别人嫉妒你学历高，你可以找适当机会表达自己的实践经验不足，还得向前辈请教。别人嫉妒你的长相，最好不要过分打扮，有机会别人再说你是办公室的一枝花时回复："别开玩笑，长相也不能当饭吃。"别人羡慕你的业绩时："你太厉害了，你才来一个月就比我们三个月的业绩还多。"你可以把这归功于"运气"，吐槽自己在见客户时经常紧张得不行。这样同事们会认为，原来大家都差不多，才会逐渐和你走近。

（4）不懂就问，积极向上。初入职场，要懂得"不懂就问"，无论是向领导还是同事。不过要掌握一个原则，不越级。新员工要尽早掌握同事的说话风格，自己的说话风格要和部门的氛围相符。如果公司给你安排了资深员工作为指导老师，要多向其请教。一般来讲，企业的指导老师都会负责地对新人进行指导，但如果积极性不够，不主动，别人也不会主动给予指导。千万不要觉得自己什么都懂，同样的事情在不同的企业处理方式可能存在一定的差异。在单位要不断传递正能量，积极向上，展示出一种用心工作，力求上进的状态，这样，方能得到同事的认可。

2. 善于和同事交流

跟不熟悉的人交流，要事先了解对方的阅历、年龄、爱好等方面的信息，寻找共同的话题，才能交流得更顺畅。作为职场人，和同事打交道的时间比较多，应掌握一定的沟通技巧，可以帮助解决很多工作问题，有利于快速融入单位，让同事更喜欢你，进而建立和谐的人际关系。谈论彼此都非常熟悉的话题，才能更好地互动，否则就可能成为单口相声。因此，尽可能寻找大家都感兴趣的话题，如果是单位同事聚会，多谈一些与业务相关的话题，这样，大家可以各抒己见。若男同事比较多，可以聊一些男同事比较喜欢的话题，比如体育运动、健身、炒股等话题。若女同事比较多，可以视对象来定，年轻的女同事可以聊美食、购物、时尚等话题，年龄稍大的女同事，可以聊育儿、旅游、培训等话题。这样，大家都有话可说，不至于冷场。

什么话题最能打开大家的话匣，当然是大家最关心的话题。一般都是关乎各自利益的热门话题，比如：今年国庆节放假单位是否组织旅游？今年的公积金是不是又涨了？工会最近在组织什么活动？比如聊到工会在组织什么活动时，正好有人说到羽毛球比赛，办公室的一些羽毛球爱好者更加感兴趣，同事们也鼓励他们报名，为单位争光，聊天氛围便活跃起来。

也可以寻找工作相关的话题。聊天也可以聊工作，顺便可能还帮助你解决很多难题。工作大家虽然每天都在经历，但是不同的工作内容有着不同的挑战和要求。因此，在和同事聊天交流的时候也可以作为一个话题。也许，同事们的集体讨论无意间就会给你新的思路，让你少走弯路。多聊工作，一方面对提升工作技能有一定的启发，同时，也可以拉近和同事之间的距离。经常聊工作内容，还会让其他人觉得你时常把工作放在心上，随时在认真思考如何把工作做好，给同事留个好印象。

3. 敢于说出自己的想法

职场中，身边有很多双眼睛盯着你，考察你，特别是领导，会通过侧面表现发现下属的特点和优势。无论作为员工还是部门负责人，要敢于说出自己的想法。只要对企业或者单位发展有利，能够为团队带来更多的利益，都会受到欢迎。

善于表达自己的观点。其实，无论是基层员工，还是部门负责人，对工作都会有自己的想法。有了想法或者好建议，要尽可能地表达出来。有的职场人认为，给建议是领导的事情，顶层设计是高层的事情，自己只要把分内工作做好就行。其实不然，很多顶层设计的方案也来自基层，再好的顶层设计也需要基层跟进才能见效，具体实施情况怎么样，可能处于基层的员工感受最为真切。因此，要敢于表达自己的观点，这些观点也是上层需要得到的反馈。好的反馈能够改善一个系统的整体运行，有可能会给公司或单位带来跨越性的改变。

提出的意见要有理有据。有的人不敢提出问题，怕出错，怕被领导责骂，怕被同事认为是出风头。不过，在提意见时，一定要有理有据，不可天马行空。要考虑提的意见是否属实和急迫，对改善目前的工作有何帮助？方案的优化路径是什么样的？需要突破哪些瓶颈？问题的症结在什么地方？最好给领导提出问题，又能提出解决问题的路径，最终的抉择权则交给领导。如果只是提出问题，没有相应的论据，说服力将大打折扣。

找准说出想法的场合。提意见一定要找准场合，过于尖锐的问题宜私下提，不可在公众场合提出，尤其是造成领导面子受损的意见，否则，即使领导认可建议，也难以接受。一般问题，可以在公众场合提，但也需要注意用词，宜委婉提出，就事论事。座谈会、专题调研会等适合提出建议和想法。提的意见最好事先和领导进行沟通，最好是征求上一级领导的意见后再提出。

说出想法的同时要照顾到其他人的情绪。在公众场合提意见时，一定要照顾到同事的情绪，尽可能不要用“我觉得”，多用“我们”，让人感觉到是在为同事说话，与同事站在同一条战线上，一起在推动工作共同的目标。这样，同事对你提出的意见才会给予支持，至少在情感上会支持。反馈业绩时，不要过多突出自己的贡献，而应强调团队的贡献力。

4. 时常将“谢谢”挂在嘴边

“谢谢”是一个非常普通的致谢词，无论在生活还是工作中，使用频率都非常高。作为礼仪之邦，中国历来都十分推崇礼仪，特别是礼貌用语，职场中更要常用。礼貌用语最能显示人的风度和素质，是一个人内涵的外显。礼貌用语使用得如何，彰显了一个人的涵养水平。

职场中，要接触很多人，除了熟悉的同事，还可能碰见许多陌生人。无论是熟悉的同事还是陌生人，都要经常说声“谢谢”，它能拉近人与人之间的距离，至少从语言中流露出谢意，心存感激之情，给别人释放一种友好的信号。这个世界，没有人有责任和义务去帮助你，当别人帮助了你，说声“谢谢”会让彼此之间感情加深。

时常说谢谢，别人也更愿意帮助你。职场中，许多工作都需要团队去完成，相互之间的配合非常重要。有时，以一己之力很难完成任务，需要得到别人的帮助。时常说“谢谢”的人，别人也更愿意去帮助你。实际上，有些事完全是别人的助人之举。时常说声“谢谢”，别人内心也会感到温暖，即使付出了很多，在你一句“谢谢”的反馈下，他人内心也会平衡很多。

没有得到最好的结果时也要说“谢谢”。这是很多职场人士容易忽视的问题。请人帮忙，不一定每次都有好的结果。没有好的结果，并不代表别人没有真心帮助你，可能有些事情已经超出了他的能力范围。因此，无论结果好坏，对于帮助我们的人也要说声“谢谢”。即使这次没有成功，当下次还需要别人帮助时，别人也会回忆起之前帮助你时你的反应。经常将“谢谢”挂在嘴边，能给别人留下懂得感恩之心的印象，长此以往，更能获得好的人缘。别人愿意和你交往，也乐于主动帮助你，这样，你会经常得到“贵人”相助，工作也会顺畅许多。

5. 不要背后议论他人

背后议论他人是一种不好的习惯，有时候会引起一些误会，甚至产生冲突，是人际交往的一大禁忌。

有的好事者，喜欢搬弄是非，在事情未得到证实之前，便与其他同事传递，本来很小的一件事，经过好事者的添油加醋，可能会变味，最终演化为对当事人很不利的一些消息，甚至对当事人的声誉造成一定影响。当一些背后的话语传到本人的耳朵里之后，会有意激化同事之间的矛盾，严重的还会起冲突。

背后说好话，当面提建议，是职场交往的一个原则。当别人在议论某人时，我们要么选择回避，要么选择不发言。即使要发言，也要说别人的好话，这样，即使被传开，别人内心也会感到温暖。还有些好事者，喜欢把好话编成坏话，或者改变说话的语气，同样一句话，换了不同的语气，传开来可能也成了坏话。另外也会给人一种印象，当面不敢说，背后使坏，让人感觉很不舒服。

即使是批评，当面讲也是最好的处理方式。当面讲能够准确传达信息，在语气和表情的配合之下，不会出现很大的偏差。背后的议论往往会让被议论者感觉很憋屈。背后被人说，有时候会让人有被出卖或者被背叛的感觉。因此，最好采取当面沟通、不卑不亢、就事论事、平等交流，提出意见和建议的方式，给彼此一个交心的机会。

6. 懂得幽默

许多人可能认为，职场中一定要保持严肃，切不可有娱乐的成分。其实不然，严肃也要看场合，有意创造严肃的氛围，时间久了会让人感到压抑。偶尔在办公室来点幽默，反而可以调节气氛。幽默是一种良好的沟通润滑剂，无论在工作还是生活中，对于缓解工作情绪都有着良好的作用。幽默的作用体现在以下这些方面：

（1）调节气氛。幽默是调节气氛的利器，有时候，工作是很枯燥的，采取幽默的方式沟通，会更让人接受，沟通的效率会更高。职场中，人们有时候会感到压力大、焦虑，这时如果加入幽默元素，便可减压，让人感到轻松愉悦，有助于提高工作效率。

（2）缓和紧张的关系。职场中难免有时关系紧张，空气似乎处于一种凝固的状态。要打破这种紧张的关系，不妨尝试用幽默的语言，化紧张为轻松。

（3）具有自嘲的效果。有的员工也想通过幽默的方式进行交流，但总找不到合适的话题，不妨从自嘲开始。具有自嘲精神的人，一般人都愿意和他走得比较近，给人一种很好沟通的印象。相对于把其他人作为话题的主角，自嘲更为安全，不会伤害他人。自嘲是把自己当作娱乐对象，带给大家欢乐。不过自嘲也要找准时机，找准话题，在一定的语境中使用才更有效。

（4）化解尴尬。职场中难免出现一些尴尬的场面，有时候可能会造成一些误会，或者让同事间心生隔阂。这时，采用幽默的手段，可能会取得不错的效果。有一次，小李拿着资料急匆匆地往经理室跑去，准备让经理审核，另外一个同事从对面过来，两人撞在了一起，资料撒在地上，男同事首先开口："开得真快啊，擦剐了。"边说边笑帮助小李捡起资料，小李说了声："谢谢！"拿着资料向经理室走去。这本来是一件小事，但有时如果处理不好这种尴尬的小事，可能会大吵一架。一句幽默的话语，瞬间平息了一切。

幽默的力量是无穷的，掌握了幽默的技巧，职场沟通将更加顺畅，同时也会为工作带来很多乐趣。

第四节 职场团队协作与执行力

职场中，需要发挥好团队协作精神，并很好地执行团队战略，互补互助，协同合作，提升工作效率。在任务执行过程中，做好关键环节的把控，注重细节的落实，方能为企业带来最大效益。作为职场人，要懂得团队协作和提升执行力的重要性，在具体实践过程中，团队成员需要拥有高情商，为团队营造良好氛围，有利于激发成员潜力，有利于团队变得更强大。

一、凝聚团队协作合力

"能用众力，则无敌于天下矣；能用众智，则无畏于圣人矣！"团队要想有战斗力，需要有集体主义精神，只有团队协作、目标统一、人尽其才，才能保证团队事业的成功。

1. 确立团队目标

任何团队都需要有清晰的目标。团队需要以明确的目标为导向，有些团队的目标是可测的，有些目标不可测。无论目标是否可测，为了提升团队协作效率，体现团队优势，都需要确立团队目标，没有团队目标，便会陷入盲目发展的境地。

制定可以达到的目标。团队目标的制定要结合实际，既不能高不可攀，也不能毫不费力就达到。团队目标需要遵循"够得着"兼具挑战性的原则。既要有远大目标，也要有近期目标。没有远大的目标，就会失去方向，团队奋斗的远景蓝图是激励整个团队奋进的动力，远大的宏伟目标也是团队的行动纲领，决定着团队的发展方向，是团队的共同愿景。团队目标既要远大，也要清晰可见。

团队目标需要得到成员的认同。团队目标的确定一定要在调研基础之上，以推动团队持续发展为原则。因此，在团队目标制定过程中，无论是自上而下还是自下而上，都应体现团队的核心价值观。同时，要尽可能让团队成员参与其中，表达个人观点，从目标制定的过程中体现集体智慧。

团队目标一旦制定，就要围绕该目标来行动，没有执行基础的目标只是空中楼阁。为了目标的达成，需要制定周密的执行计划，以保障目标的落实，如年度计划、季度计划和月计划。将长远目标分解为短期目标之后，只要管控好各个短期目标，就能保障长远目标的达成。

2. 培养团队精神

一个团队应该有共同的理想、追求以及价值认同，团队进步需要团队精神指引。团队精神主要体现在团队成员对团队的归属感，即能将自己的命运和团队的命运时刻联系起来，表现为团队成员时刻为团队利益着想，愿意为团队的目标倾尽全力，并努力为团队创造价值。

团队精神表现为成员之间的互帮互助，为了团队的整体利益而全身心投入，在需要帮助时主动站出来承担所应该承担的责任。在团队精神的感召之下，团队协作效率提升，团队成员之间和谐相处，共同营造积极进取的氛围。

高情商的团队特别注重团队精神，在团队面临挑战时，能够合理调整情绪，冷静分析形势，发挥团队成员优势，制定有效措施，齐心协力完成任务。高情商的团队成员善于识别自我情绪，在面对工作压力时，能够认清形势，准确判断自身优势和劣势，找到症结所在，不焦虑不慌张，紧紧围绕寻找解决问题的路径出发，做出正确抉择。此外，高情商的团队成员处处为团队着想，善于识别他人的情绪，当其他成员被情绪所左右，及时帮助其调整情绪，发扬团队精神。

培养团队精神需要成员具有大局观，团队凝聚力和团队实力需要每个成员共同努力，如果出现内耗，团队力量势必受到影响。培养团队精神需要团队领导在多种场合传递团队成员应具备大局观的思维，只要人人具有大局观，就不会为一些小的冲突斤斤计较。

培养团队精神需要使团队成员的沟通机制畅通，鼓励团队成员积极沟通。任何团队都不可能达到意见的高度统一，当发生分歧时，需要团队成员之间的沟通来达成意见的统一，更好地实现团队价值的最大化。

培养团队精神需要鼓励成员强化情商训练，努力建立良好的人际关系。比如在面对工作任务时，团队成员要有同理心，善于换位思考，彼此谦让体谅，共同营造和谐的文化氛围。

3. 改变团队的行为模式

团队的行为模式往往会影响团队的效率，积极有效地引导团队成员以饱满的热情、积极的状态面对工作，才能为团队带来更大的效益。

常见的团队行为模式有三种，即对抗型、服从型和隐形反对型。对抗型成员面对他人提出的意见，会习惯性对抗。这时，追随者和旁观者不会提出异议，对抗型成员坚持己见，或许他压根儿没有更好的意见，但只想反对。团队达不成意见的统一，出现重大分歧时，团队领导最好将自己置于旁观者的角度，听取双方的意见，看双方是否有妥协之处。此外，鼓励其他旁观者发表自己的观点，从多个角度来分析问题。旁观者的意见对于左右对抗的双方有很大的价值，对于领导作出判断也是很好的支撑。在听取了旁观者的意见之后，团队领导最好能引导反对者发现提出问题之后的解决路径。对抗的一方如果既能够提出问题，也能够提出解决问题的办法，是促进团队向着良性方向发展的最优选择。

服从型成员对于其他人提出的建议，都会接受，不会提出异议。从管理角度来看，服从型成员便于管理，对营造和谐的氛围有很好的帮助。但是，具有这种行为模式的成员往往不会主动思考，习惯了以别人的意见为主。因此，团队领导为了提升团队的工作效率，应鼓励具有该行为模式的成员主动思考，勇于提出自己的见解。

隐形反对型成员主要表现为礼貌性的服从，实际上内心不认同，在具体工作过程中也存在动力不足、敷衍了事的现象。团队领导遇到类似情形，一定要多加观察，可以通过查看进度和工作完成度来进行判断。一旦发现此类行为模式，要深入了解原因，是团队氛围不足以让大家发表观点？还是担心得罪人？如果是前者，团队领导者应多多鼓励其表达观点，鼓励其发表意见，畅所欲言。如果是后者，团队领导要经常在团队会议上传达成员的建议，对事不对人，表明提出建议也是对团队做贡献。

一个良性发展的团队应鼓励成员具备创新意识，随时改进工作，分享经验。团队领导要通过精神和物质奖励鼓励创新，让团队成员具有思考如何将工作做得更加出色的意识。

4. 化解团队冲突

团队以完成共同目标为目的而建立起来，因个体差异和价值观的不同，难免会产生团队冲突，只有合理化解，才能确保团队行动的一致性。

首先，对团队冲突要有合理认识，没有冲突的团队并非就是完美团队，合理的冲突，对于团队的发展或许会有利。团队成员的观点差异、产生的冲突反而会让大家多视角审视事物的发展，为团队发展带来建设性意见，如果采纳了成员的合理建议，将有利于团队发展。

同时，团队领导要提倡成员敢于发声，敢于表达自己的意见，宽容对待大家的意见，鼓励成员贡献智慧。管理者要鼓励成员从不同角度提出见解，激发大家思考问题，寻求创新，只有化解冲突，保证团队向着健康的方向发展，才能激发成员的潜力。

化解团队冲突的过程中，团队领导起着关键作用。只有运用高情商的处理方式，才能让冲突合理化解。作为团队领导，应避免团队走向两个极端，一种是“一团和气”，看似风平浪静，实则是团队成员都害怕得罪其他人，没有以团队的利益为重，过度寻求自保。如果团队出现发展方向性的错误，也很难及时纠偏。另外一种是“冲突不断”，发生冲突过于频繁，团队成员在这种环境下工作，势必心理压力过大，除了工作，更多时候带有负面情绪宣泄，会造成团队分崩离析，团队的战斗力也会大打折扣。

作为团队领导，在冲突爆发出来时，要善于寻求好的解决方式，而不是回避。面对冲突时，团队领导要有耐心，控制自己的情绪，不听一面之词，多调查了解，多渠道听取团队成员的意见后，积极加以处理。

公开解决冲突是常见的一种方式，围绕出现的冲突，召集相关团队成员进行研讨，鼓励成员们说出自己的观点。无论是领导还是下属，在解决冲突的过程中，要尽可能保持理性，不要受情绪所左右，冷静思考，寻求解决问题的最优方案。团队领导要引导意见不同的各方多从其他方面进行考虑，发现自己的观点是否欠妥。同时定好基调，不要进行人身攻击，鼓励建设性意见的提出。此外，抓住问题的主要矛盾，避免在一些细枝末节的问题上纠缠。总的来说，高情商的领导在解决问题时，一定会基于对事不对人的态度，只有这样，团队成员才敢于把意见分享出来。当然，领导者也要引导大家思考，面临一些问题，努力找出原因，团队成员的表达方式是否有待改进，即使观点正确，也要考虑他人的接受方式，不要让其他成员感到难堪。领导除了听取成员的意见之外，也要有自己的主见，在结合成员的建议基础之上，给出一个最佳的解决方案，方案要尽可能融入成员的意见，体现团队成员对方案的贡献。最后，团队领导要记得安抚没有被采纳意见的一方，比如从观点的出发点、目前条件的成熟度以及可能面临的更大挑战等方面给予回应，这样，即使意见没有被采纳，成员也能感受到领导对自身意见的重视，让人心服口服。

二、执行力决定竞争力

职场人都希望自己所在团队变得无比强大，希望团队为自身发展带来更多机遇。团队能否变强大的关键因素取决于这个团队的执行力。完美的战略目标也需要团队很好地执行才能实现，提升团队执行力，是将团队引向巅峰的可靠途径。

（一）影响执行力的因素

影响执行力的因素主要有执行的意愿、执行的环境和执行的能力，它们共同影响着任务的最终执行。

1. 执行意愿

执行意愿是指做事的冲动、欲望及动力，一个人如果对工作缺乏热情，不感兴趣，没有明确的工作目标与工作计划，执行意愿很低，他不会过多地投入精力到工作中。执行意愿需要目标引导、利益的刺激及危机的督促。

目标引导是推动工作顺利开展的前提，任何工作都要设定目标，没有目标就会失去方向，也会失去动力。目标通常由组织来设定，比如年度要完成哪些目标，每个月要完成哪些目标，甚至更小的时间单元内都有一定的目标。目标引导也成为许多组织考核单位员工的一种依据。对于个人而言，也应该在总体目标的基础之上，细化单个目标，每个时间段该完成什么事项。确定了目标便能更准确地去完成目标，也有了内生动力，能更好地去执行。

利益刺激是推动执行意愿的又一个因素，在利益的刺激下，人的大脑会更加兴奋，执行起来更加有动力。因此，作为组织，应考虑利益刺激因素，在适当的条件下，给予员工一些利益刺激。这种刺激既可以是物质的，也可以是精神的，无论哪种刺激，都要考虑到适度的原则以及正向引导的原则。

危机的督促。正常情况下，工作都能按照上级的要求完成，当然难免也会出现懈怠现象，如有类似情形，组织内部要进行危机督促，加强过程的干预，而不只是注重最终结果。企业要让员工意识到一旦目标不能完成会给公司带来哪些危害，给自身带来哪些不利，进一步提升员工对企业的忠诚度。可利用年度总结会、月总结会，部门例会等时机，通过上级向下级传达危机督促，让员工时刻有危机意识，居安思危，才会更加有动力。此外，危机督促也可通过专项检查了解员工工作进展，及时发现问题，以便更好地解决问题。

2. 执行环境

好的环境有助于提升执行力，糟糕的环境则会影响执行水平。执行环境的营造通常和团队的工作氛围、团队文化、制度建设等有关。

从另一种意义上来说，执行环境由团队情商决定，团队情商高，员工沟通顺畅，工作氛围和谐，能够互帮互助，传递正能量，整体处于一种欢乐的工作氛围之中，对激发员工的活力和执行力有帮助。好的工作氛围会带给人轻松愉悦感，即使工作任务较重，也不会有太大的心理压力，工作起来开心，工作的幸福指数较高。

从团队文化建设角度，任何企业都有着自身独特的企业文化，企业文化对公司员工有良好的激励作用。优秀的企业文化容易得到员工的认同，转化为共同的价值观。企业文化对于增强团队的凝聚力、激发员工不断上进有着正向的促进作用。"内聚人心、外塑形象的企业文化是企业在竞争中保持持久竞争优势、立于不败之地的重要保障。"[1] 企业文化是一种精神力量，在一定程度上影响着管理实践，对于规范企业员工的行为，起到精神引领作用，对提升整体情商有着良好的促进作用。

制度建设也是执行环境的保障，相对团队文化建设来说，是企业发展的硬保障。制度建设是企业发展必不可少的管理手段，关乎企业的整体管理水平。制度建设旨在调动企业的一切积极因素，进行相应约束，进而成为企业管理的依据。因此，一个企业的执行环境如何，制度建设的科学程度也决定了企业的管理效率，它是激发企业活力和员工动力的关键。

3. 执行的能力

一个人只有具备合格的工作能力，才能真正完成任务。如果能力不达标，无论计划多么完善，制度多么严格，配合多么默契，也无法顺利完成任务。良好的执行能力在于注重日常工作方法的提升、技能的掌握，以及知识的学习与积累。

从能力提升的角度看，执行力强弱与一个人的能力水平有关。执行能力需要从方法的

---

[1] 刘刚、殷建瓴、刘静 . 中国企业文化 70 年：实践发展与理论构建 [J]. 经济管理 . 2019，41.

提升进行自我修炼。职场能力提升有很多种方式，常见的有老员工对新员工的传帮带，企业的内部交流，经验总结，能力培训。作为员工来讲，应从观念上进行转变，树立“终身学习”的理念。能力水平会随着时代发展而不断被提出新要求，因此，员工应不断加强学习，养成学习习惯、不断提升能力水平。

此外，能力的提升需要具备创新思维。而创新思维的提升需要具备创新意识，时刻思考工作有没有更高效的方式方法，问题有没有更优的解决路径，有没有最大限度地调动企业的积极因素。

（二）执行力的关键点

执行的终极目标在于实施团队的战略蓝图，在这个过程中，注重细节、强化时间管理、有效过程管控都是确保高效执行的关键。

1. 细节成就完美执行力

执行力的关键在于细节。执行力的提升需要注重工作的每个细节，细节执行不到位，很可能影响整体工作的推进。对细节的把握是提升执行力的一种体现，关注细节才能完美执行，只有把细节做好，才能保证结果圆满。

忽略细节意味着 1% 的错误会导致 100% 的失败，这个道理一定要明白，公司在督查工作的过程中，也要重视的 1% 细节的完成度，给员工传达一个信息，时刻关注工作细节，才能高质量完成工作。这种理念应贯彻到企业管理的方方面面，让注重细节深入人心，引导员工将工作做到尽善尽美，而不是敷衍了事，应付检查。企业管理者也要抓住一切机会与员工分享注重细节的案例，让员工从案例中体悟注重细节的重要性。比如接待外来客人时是否做到了有礼有节，公司会议每个环节是否落实，与客户谈判是否将一切因素都考虑其中。

同时，要注意在细节和过程中发现问题、解决问题，从而提高执行力。工作中要时刻以问题为导向，围绕解决问题着手，工作预案中要预测未来可能出现的各种可能以及规避风险的对策。只有在长期的工作中坚持问题意识，才能更好地找到解决路径。作为员工，向领导汇报工作时同样需要注重细节。员工能发现细节问题，也能够为领导提出问题解决方案，最终由领导作出最终决策，确保工作顺利推进。

追求细节有多深入、多执着，执行力就有多强。追求细节是在抓住关键环节的基础上做到尽善尽美，需要具备忧患意识，防患于未然，未雨绸缪。

2. 高效时间管理提高执行力

（1）利用碎片化时间。有些工作任务无需用整段时间来完成，充分利用碎片化时间也能搞定。新媒体时代，碎片化时间的应用，对于提升执行力有着重要的意义，碎片化时间可以完成文档编辑、通知发布、工作布置以及过程监督。

（2）拟定工作任务清单。有了工作任务清单，具体要完成哪些任务一目了然，不至于忽略掉某些工作内容，耽误工作推进。工作任务清单可以按照任务周期来安排，也可以按照年度、月、周、天等时间来安排。最好能将任务清单具体化，细化时间安排，这样能做到心中有数，便于按照计划来部署工作，确保工作有序开展。

（3）分清工作的轻重缓急。工作任务清单要区分好主要任务和次要任务，按照主次顺序来安排才能更高效。哪些任务是重大任务，是急需完成的，哪些任务的时间可以适当宽限，要做出区分，确保在相应的时间段按照先重要后次要，先紧急后缓和的原则有序推进。

（4）倒排时间表。将任务倒排时间表，便于有效控制工作进程，进行过程管理。倒排时间表后要随时对照执行方案，及时跟进工作进度。

（5）借助时间管理软件。目前，时间管理的软件和 App 较多，将工作任务输入到管理软件中，随时提醒自己掌握工作进度。这种方式能有效推进工作进程，保证时间管理的科学性。

3. 过程管控有助于提升执行力

设计可控的阶段节点。每项工作任务都要遵循循序渐进的原则。在任务开始前进行阶段性的节点设置，做好时间倒排的节点安排。每个阶段要完成什么任务，目标要明确，做到心中有数。再对每一个阶段节点进行管控，督促节点任务完成，进而确保整体任务的顺利推进。

每个细节都要监控到位。过程管控中要建立检查的相应管控机制，监督任务执行过程，确保任务完成不出错。

工作严谨，作风硬朗。工作的推进除了技术的把控外，还需要认真负责的态度，任何时候都要具备敬业精神，对工作一丝不苟，否则，工作的整体推进就会受到影响。严谨的工作作风是企业发展的保障。员工应具备精益求精的精神，将工作细节把控到位，才能出色地完成任务。

事后回顾，并获得改善。一项工作任务结束之后，要及时复盘，梳理在执行过程中遇到了哪些困难，总结经验，反思不足，吸取教训。及时总结复盘的最大价值在于更好地改进工作，提升工作效率，提升执行力。

三、高情商领导力

情商对于领导十分有用，领导需要将团队的能力激活，发挥团队成员的才能，提高效率，创造更大价值。

1. 用情感能力激励员工施展才华

职场团队氛围非常重要，沉闷的氛围让人压抑，严肃的氛围让人紧张，欢乐的氛围让人愉悦。不过，团队氛围也要视工作性质而定，不同单位或企业对职场氛围要求是不一样的。

工作氛围需要领导来调节，从某种意义上来说，领导的风格在很大程度上影响着整个团队的氛围。

高情商的领导多数善于用情感能力激励员工施展才华，员工的才华一旦施展出来，能给团队带来更多的帮助。个体的潜力是无限的，员工才能的发挥与领导的激励有很大的关系。善于激发并说服员工为共同目标努力的领导，大多是情商较高且善于运用情感能力的人。当一个员工的价值被认可，工作能力或者思想得到领导的赏识，便会更加努力地工作，尽可能地展示自我。领导需要营造宽松的环境，给员工提供发挥才能的机会。一般来讲，按部就班地完成工作对员工挑战性不大，若要创造性地工作，则需寻找到最有效的方法激发员工的活力。一旦活力被激发，员工便会进行工作创新，敢于尝试不同的方法。

面对情绪激动的员工，领导要掌握排除障碍的方法，迅速解决问题。当员工出现一些负面情绪，工作不在状态，领导要善于识别，并给予相应的鼓励，帮助员工找到问题所在，排解不良情绪。“迅速建立信任且融洽关系的能力、善于倾听他人见解、能言善辩、说服他人，能提出自己的看法和建议。”❶

高情商领导善于用情感激发员工发挥才能，同时认可他们的价值。作为员工，工作中也存在价值追求，比如公司对其能力和贡献的认可。任何职场都不可能满足员工的每个要求，也不可能完全按照员工的建议来推动，但是领导要尽可能营造一种下属敢于建言的氛围，并能给予激励。只有充分发挥下属的主观能动性，他们才会更好地为企业或单位工作。

此外，领导还要善于搭建发挥下属才能的平台，给员工展示才华的空间。一个人如果怀才不遇，久而久之，势必会影响情绪，如果才能得到展示，自我价值得以实现，他在工作时也会更加努力，充满动力。

2. 提升领导力

职场中，企业或单位团队都需要领导来把握正确的方向，建设优秀的企业文化，营造和谐的人际关系，等等。团队许多目标的实现都需要领导者有卓越的领导力，才能引导团队不断向前发展，创造辉煌。

丁栋虹在《领导力》一书中认为领导力有三种基本职能：自我领导、团队领导与组织领导；自我领导的核心是“事”，团队领导的核心是“人”，组织领导的核心是“道”；形成三种领导力特质：事、人、道；领导力有九种具体形式：事的领导力（专注力、学习力、执行力）、人的领导力（创意力、洞察力、激励力）、道的领导力（决策力、信仰力、变革力）。❷ 领导力的这九种具体形式共同决定团队的软实力。从某种意义上说，领导力决定着团队的战斗力，也决定着团队成员的命运。

---

❶ 丹尼尔•戈尔曼 . 情商 3- 影响你一生的工作情商 [M]. 中信出版社出版，2018.

❷ 丁栋虹 . 领导力 [M]. 复旦大学出版社，2016.

从情商的角度来看，提高领导力，需要让团队成员团结一致，激发团队对共同目标和使命满怀热情。只有团队士气得到鼓舞，具备向上的动力，整个团队围绕着共同的目标而奋斗，集体智慧才能得以发挥，才能创造更大的价值。

领导力的提升也包括重视引导他人的行为，让员工学会担负相应的责任，为团队创造更多的价值。责任意识是事情成败的关键，做人做事都需要有责任意识，有了责任意识，就有把事情做好的动力。

领导力提升需要领导以身作则。领导的行为对下属具有示范和榜样作用，领导有方，能树立领导的威信，能最大限度地调动下属的积极性，对整个团队也能产生正面影响。提升领导力，要借助情商理论，和实践相结合，充分发挥情感魅力，领导一个优秀的队伍。一般来说，情感方面的魅力有三点：第一，感受强烈的情绪；第二，善于表达情绪，能打动人心；第三，用自己的情绪感染他人，而非被动地受他人情绪的影响。[1]

3. 提升团队情商

越来越多的企业认识到提升团队情商的重要性，有的领导层也推出了卓有成效的措施来提高团队情商，公司高层也越来越意识到团队的和谐氛围有助于提升工作效率，为公司创造更多的价值。

加强情商培训是一种常见的提升团队情商的手段，能让员工改变认知，强化对情商的认识。目前，情商教育在我国学校教育中尚未普及，只有少量高校作为选修课在开设，远远达不到社会和企业的要求。需要注意的是，要尽可能增加情商实践的内容，这样会更加有效。

本章小结

我国学校教育十分重视智商的发展，在应试教育的驱动下，学生为考上理想的学校而奋斗。长期以来，学生以上名校为荣，以进好专业为傲，以找到好工作为终极目标，有时却疏忽了情商的培养。人们在经受职场考验时，才深刻领悟到情商的重要性，慢慢地在职场中摸索总结、自我提升来适应社会的需要。

刚步入职场，要迅速转化角色，适应职场环境，提升工作技能；要注重团队协作，提升情商水平，乐于助人，强化执行力，提高工作效率，才能在职场中发展得更好。

人际关系在职场管理中越来越受到重视，无论哪种等级制度下的管理，营造融洽的职场环境对于增加团队活力都有促进。职场中也需要重视团队情商的提升，鼓励员工将情商理论应用于工作中，善解负面情绪之困，提高工作效率，增加员工的幸福指数。高情商的领导

[1] 丹尼尔•戈尔曼 . 情商 3- 影响你一生的工作情商 [M]. 中信出版社出版，2018.

要善于借助情商理论在管理团队中加以实践，营造良好的氛围，激发成员潜力，领导全体成员打造高效的团队。

复习思考题

1. 职场情商的重要性有哪些？
2. 从情商的角度来看，职场中人际交往需要注意哪些？
3. 作为团队领导，如何应用情商理论激发团队活力？